可持续的生长
上海建科院莘庄综合楼

杨建荣 主 编
张 颖 张宏儒 副主编

中国建筑工业出版社

图书在版编目（CIP）数据

可持续的生长——上海建科院莘庄综合楼/杨建荣主编.
北京：中国建筑工业出版社，2015.11
ISBN 978-7-112-18623-5

Ⅰ.①可…　Ⅱ.①杨…　Ⅲ.①生态建筑—介绍—上海市
Ⅳ.①TU18

中国版本图书馆CIP数据核字（2015）第253851号

　　上海建科院莘庄综合楼，是国内绿色建筑领军者——上海市建筑科学研究院在莘庄科技园区的第二代绿色建筑示范楼，2007年启动设计，2010年投入使用，2011年荣获住房城乡建设部绿色建筑创新奖。迄今已经历了四年的运行，经过科研团队对运行数据的持续跟踪和性能改进，在2014年通过了住房城乡建设部的绿色建筑三星级运行标识评审，实现了一座绿色建筑从规划、设计、建造、使用、改进的闭环。该项目同时也为国家"十一五"到"十二五"期间的诸多大型课题研究提供了宝贵的数据支持。

　　本书以莘庄综合楼为案例，讲述一座绿色建筑的概念创作、设计实现、运行性能和持续改进的过程，以大量真实客观的数据对项目进行解读，以期在绿色建筑规模化发展的背景下，为行业提供一个鲜活的可供借鉴的案例。

责任编辑：齐庆梅　杨　琪
责任校对：张　颖　关　健

可持续的生长
上海建科院莘庄综合楼

杨建荣　主编
张　颖　张宏儒　副主编

*

中国建筑工业出版社出版、发行（北京西郊百万庄）
各地新华书店、建筑书店经销
北京美光制版有限公司制版
北京盛通印刷股份有限公司印刷

*

开本：787×1092毫米　1/16　印张：10　字数：230千字
2015年12月第一版　　2015年12月第一次印刷
定价：68.00元
ISBN 978-7-112-18623-5
　　　　（27909）

编委会名单

序

　　21 世纪是一个创新与转型尤为活跃的世纪。在我国，城镇化建设成为社会发展的重要驱动力，也成为社会创新转型的重要载体。这十余年间，聚焦节能减排，推行绿色建筑，毫无疑问成为城镇化建设领域的热点。

　　绿色建筑的发展既是时代需求，又是创新产物。从核心技术研发到标准规范形成，从适用系统集成到工程示范推广，从交流平台建设到行业组织发展，"十五"以来，我国对绿色建筑相关技术、产品和平台的发展也进入快速轨道。在众多相关方之中，科研院所有着专业技术与市场的得天独厚的优势，成为绿色建筑发展大军中的重要力量，且往往通过示范工程的方式，发挥着独特的作用。

　　2004 年，在我国绿色建筑相关技术和标准尚不系统的情况下，全国首幢"生态建筑示范楼"在上海市建筑科学研究院的莘庄园区内落成。这一项目集成了节能、环境、信息、材料等不同专业的先进技术，不仅荣获全国首届"绿色建筑创新奖"一等奖，还获得了 2005 年全国"十大建设科技成就"的殊荣，2008 年通过全国首批三星级绿色建筑的评审，从而成为当时我国绿色建筑技术展示、验证和交流的成功载体。

　　持续发展是技术的永恒主题。伴随着绿色理念的普适化，绿色技术也从示范走向适用。莘庄综合楼，正是这一理念的再一次实践。这幢建筑仍然坐落于上海市建筑科学研究院的莘庄园区内，同第一代的"生态示范楼"比邻而居。2007 年启动设计，2010 年投入使用，以一座绿色技术适用集成的建筑之身，一处葱茏毓秀四季变幻的楼台之形，承载了近四百名员工的绿色技术研发、实验和推广。数十名科研人员用他们的智慧，模拟、检测、评估、分析、优化、改进，乃至二次实施，终于完全实现了"先进而适用，集成但便捷，领先却经济"的设计初心。2011 ～ 2014 年间，项目分别荣获住房和城乡建设部"绿色建筑创新奖"、三星级绿色建筑标识认证等荣誉。相较这些荣誉的褒奖，更为可贵的是莘庄综合楼的优化运营适逢我国"十二五"时期，这样一座绿色建筑，从规划、设计、建造、使用、改进的成功闭环，在绿色建筑适逢从单体走向建筑群、走向城市级的推广态势下，将为国内外更广泛的市场主体提供现实的可行性。

好的建筑，并非仅仅是工程性产物，她更应是创新和转型的载体。本著作的推出，并非是对这幢建筑的历程回顾，而更应看做是一种顿悟和启迪：将这样一座建筑置于示范到推广的轴线上，放在单体到群体的辐射中，沉淀过去与未来的不同时点，反哺绿色和生态的可期未来。

　　特此为序。

张燕平

中国绿色建筑与节能专业委员会　副主任委员
上海市建筑科学研究院　院长

前言

回首"十一五"，为推动绿色建筑和城镇人居领域的技术研发、产品应用并进行综合示范，国家科学技术部、住房和城乡建设部批准实施了一系列的国家科技支撑项目。上海建科院莘庄综合楼项目，有幸成为其中"城镇人居环境改善与保障综合科技示范工程"课题的办公建筑类示范项目之一，通过从气候、资源、功能、需求的适用性分析，将人居环境优化设计的技术产品合理地应用到了项目之中，实现了高品质、低能耗、适宜性的目标，先后获得了三星级绿色建筑标识、全国绿色建筑创新奖、上海市建筑节能示范工程等荣誉。

走进"十二五"，伴随着绿色理念的普适化，绿色建筑逐渐从单体示范转变为片区层面的生态和低碳规划。然而，空间尺度方面，在片区层面和单体层面之间，缺少针对建筑群和园区尺度的绿色建筑适宜技术体系形成有效搭接；在时间轴线方面，缺少在规划设计前段指导规划人员开展可持续低碳规划的成套技术体系。为此，国家科技支撑计划设立了"绿色建筑规划设计关键技术体系研究与集成示范"，期望在这个方向为绿色建筑的规模化发展提供技术支撑。而与此同时，上海建科院莘庄科技园区开展了二期整体规划，在对既有建筑功能提升的基础之上，实现园区整体能级提升，可谓恰逢其时。

为此，编委会以回顾的方式，将上海建科院莘庄综合楼的绿色可持续发展之路总结成书，通过从策划、设计、建造、使用、改进的闭环实践总结经验教训，以期在绿色建筑从单体走向集群甚至片区级发展的推广态势下，抛砖引玉，为国内外的业界同行提供启发和思考。

本书的架构共包括了4个篇章，分别围绕项目的设计理念、技术实现、性能评测以及未来规划展开介绍，既是项目团队的案例总结，也可供建筑领域的开发商、规划设计人员、工程技术人员提供借鉴，亦可作为高等院校师生、科研院所研究人员的参考读物。

由于时间和水平所限，本书难免疏漏和不足之处，敬请广大读者批评指正。

目录

第1章　理念篇　定位·外化而形　　　　9

1.1 起点　　　10
1.2 分析　　　11
1.3 目标　　　16
1.4 构思　　　19
1.5 创作　　　23

第2章　实现篇　建筑·由内而生　　　　31

2.1 和谐环境营造——建筑与自然共生　　　32
2.2 紧凑空间利用——集约与资源共享　　　75
2.3 高效机电系统——探索与实用平衡　　　81

第3章　性能篇　数据·运行之魂　　　　107

3.1 绿色建筑后评估概述　　　108
3.2 建筑物综合能耗　　　110
3.3 室内环境质量　　　119
3.4 行为节能潜力　　　123

第4章　发展篇　生态·反哺未来　　　　133

4.1 园区发展需求　　　134
4.2 规划设计理念　　　138
4.3 低碳园区规划　　　139

后记　绿色心语　　　151

第 1 章
理念篇

定位・外化而形

1.1 起点

1.1.1 让绿色设计回归本原

绿色建筑的设计不可忽视建筑学的内涵，而应将绿色设计策略与建筑的表现力相结合，重视与周边建筑与景观环境的协调和对环境的贡献，避免沉闷单调或忽视地域性的设计。我们所理解的新时期绿色建筑所追求的目标，应是将"绿色设计"有机地融入建筑的使用功能与人文追求之中。

因此，本项目最重要探索就在于：首先，绿色建筑最终是"建筑"，而不仅仅是技术叠加与模拟计算形成的房子；其次，绿色的"建筑"从概念开始就是直接从"绿色"的土壤中成长出来，而不是后来"修补"成符合某种标准的绿色建筑。从建筑布局、形体、空间、外皮到室内设计等既蕴含建筑学上的追求，同时与绿色理念与目标紧密契合。

"绿色"不是建筑的目的，而是实现建筑的方法和建筑最终拥有的重要特征。这种结合应该是绿色建筑的发展方向，也是现代建筑学的一个重要发展方向。

1.1.2 推动园区的升级发展

上海建科院莘庄科技园区，从建造全国首座生态示范办公楼起步，逐步完善园区的空间布局和功能规划，演绎着由浅绿到深绿再到泛绿时代的绿色低碳理念的延续与传承，并自我更新、不断演进。

面对着园区在功能、资源、环境等多方面的挑战，我们尝试着以中国传统文化的精髓——"融"，来探寻一条绿色低碳的实现路径。"融"的含义很多，其中之一为调和、和谐，意思是融合、融汇，既是融合、又是整合，这恰好符合我们心目中对于莘庄科技园区的愿景：新旧建筑融合、各类资源整合、室外环境宜人，最重要的是，员工的需求通过这个空间得到最大的满足。

因此，在城市界面上，打造园区的标志性和独特性，强调建筑群的整体空间形态和关系；在建筑印象上，强调与环境和现有绿色建筑融合的可持续园区，设计充满特征和技术的高品质示范建筑，延续现有示范绿色建筑精神；在特色空间上，创建生态绿色中央轴线，具有多重功能，为工作人员及参观者服务。

针对园区使用者多样化的需求归类，规划中的莘庄科技园区应该是具有复合功能的园区，吸纳生态属性、工作属性、实验属性、教育属性、体验属性和展示属性等多元功能。

布局能源节约、绿色建筑、环境健康、资源利用、绿化碳汇、高效运营等低碳规划要素，构造适宜于本园区的低碳规划方案。

1.2 分析

1.2.1 区位条件

项目基地位于上海市闵行区莘庄工业园区内，申富路近中春路。闵行区位于上海市地域腹部，形似一把"钥匙"。虹桥国际机场位于区境边沿，坐落于毗邻的长宁境内。吴淞江流经北境，黄浦江纵贯南北，分区界为浦东、浦西两部分。闵行区是上海市主要对外交通枢纽，是西南地区主要工业基地、科技及航天新区。

在《上海市总体规划》中，规划宝山、嘉定、松江、金山、闵行、青浦、南桥、惠南、城桥及空港新城和海港新城等11个新城，新城人口规模一般为20～30万人，作为上海城镇布局结构的组成部分之一。位于闵行区的闵行新城是闵行区政治、经济、文化中心，将发展成为具有大型机电制造和航天工业为特色的兼具工业、商贸、居住、服务等综合功能的中等规模城市（图1-2-1）。

上海市的工业产业布局由最初的1+3+9发展为1+3+13，1为浦东新区，包括外高桥保税区、金桥出口加工、陆家嘴金融贸易区、张江高科技园区，3为3个国家级开发区，包括虹桥经济技术开发区、漕河泾经济技术开发区、闵行经济技术开发区，另外还有13个市级经济开发区。上海建科院莘庄绿色园区位于市级开发区之一莘庄工业区内，产业集聚效应强，有利于设计特征的体现和土地价值的提升（图1-2-2）。

闵行区实施园区发展战略。工业发展格局以闵行经济技术开发区、上海市莘庄工业区、上海紫竹科学园区、上海漕河泾开发区浦江高科技园以及上海漕河泾出口加工区为主体。园区格局为"4+2"。4个重点产业——电子信息行业、机械及汽车零部件、重大装备制造、新材料及精细化工，产业集聚度达80%。2个产业高地——平板显示产业基地和航天研发新区，今后还将大力发展新能源和生物医药。

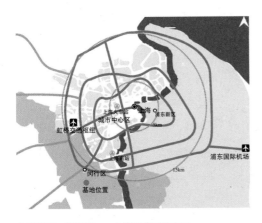

市域层面：闵行区——上海西南对外窗口

图1-2-1 市域层面的基地位置分析

市域层面：闵行区与闵行新城

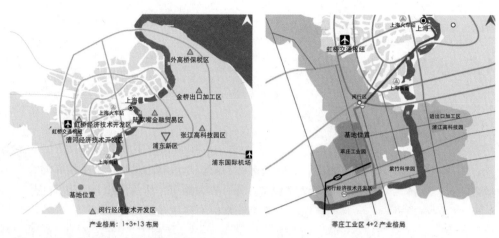

图 1-2-2　全市工业产业布局

基地位于莘庄工业园内，周边以生产、研发园区为主（图 1-2-3）。具有良好的基础设施整合和产业集聚效应。基地周边交通便利，东北方向有 5 号线银都路站，并可以通过城市快速路沪闵路通向上海市区并连接 320 国道（图 1-2-4）。

1.2.2 规划现状

上海建科院莘庄科技园区地处申富路和中春路的交叉口，基地形状呈西宽东窄的梯形。东西向长约 160m，南北进深约 120m，园区用地总面积约为 18940m²。

园区沿南面道路从西向东依次是分别建成于 2004 年和 2005 年的上海生态办公示范楼和两幢生态住宅示范楼（图 1-2-5～图 1-2-8），共同形成了中国第一批的绿色建筑实体示范区。北侧和东西侧分别是已落成使用的检验办公大楼和实验楼。前三期建设已完成总建筑面积约 10000m²。

其中，位于园区东南角，即零能耗生态住宅以东的空地，就是本次建设用地。受制于既有建筑布局，新建综合楼的用地非常局促，整体呈 L 形，东西方向很短，仅

图 1-2-3　基地周边功能布局　　　　　　　　图 1-2-4　基地周边交通条件

图 1-2-5　园区总体鸟瞰图
（2008 年前）

图 1-2-6　生态办公示范楼实景1　图 1-2-7　生态公寓实景　图 1-2-8　生态办公示范楼实景2

有约 50m，L 形基地的两条边进深都只有约 18m。另外，所处的莘庄工业园区整体规划建筑控高 24m。这些制约条件之下，设计师意图在有限的创作空间内设计一个"形象鲜明"的建筑。

基地南面的城市道路为申富路，呈东偏北向西偏南走向，与园区的矩形合院成 8°的夹角。项目初步计划沿南面道路建主楼（办公楼），为几个独立的部门或子公司分层使用的普通办公楼；沿东面的邱泾港建附楼（研究楼）；两楼可以联系，但不宜太便捷直接；建筑面积没有硬性指标，根据可建设容量确定。

平面布局的很重要的原则是遵守园区格局、呼应城市肌理。

莘庄综合楼的主副楼的底层融入园区的矩形格局，主楼层层偏转后，最终顶层与南面城市道路平行。旋转并非简单的向着一个方向，主楼二三层先顺时针逐层向内转，以上再逆时针转出来，因此四层回到了底层的正向方位，再向上才逐渐旋转到城市道路的走向。

总平面规划见图 1-2-9，实现了城市道路肌理和园区空间肌理的平衡协调。

1.2.3 气候资源

上海属于亚热带季风性气候，处于夏热冬冷地区，同时由于邻近东海，具有一定的海洋性气候特点，比如风发生频率与风速高于内地夏热冬冷地区；夏季东风发生频率与东南风相当，但风温较低，前者平均为 25℃，后者则为 30～35℃；全年平均

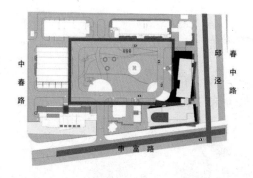

图 1-2-9　平面布局肌理分析

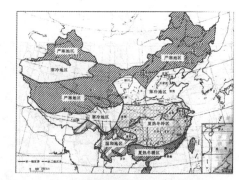

图 1-2-10　我国建筑热工设计分区图

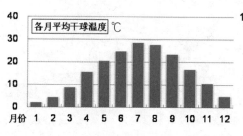

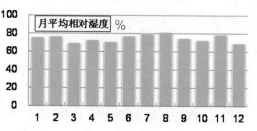

图 1-2-11　上海地区逐月温度和湿度分布

空气相对湿度亦低于内地夏热冬冷地区。太阳辐射较充足。夏至日正午太阳高度角为80°；下午 3～5 时，太阳方位角由正西逐步变为西偏北 15°。冬至日正午太阳高度角为 35°。

1.2.3.1 全年气温与湿度

从建筑热工设计考虑，上海属于夏热冬冷地区，见图 1-2-10。由于处于亚热带季风性气候区，年平均气温约 16℃；空气湿度较高，尤其是五、六月份。最冷为 1 月，平均气温 3℃左右，最低气温可达 -5～-7℃；最热为 7 月，平均气温 27℃左右，最高气温可达 36～37℃，极端最高气温曾达 40.2℃。历年平均的逐月平均温度和湿度柱状图见图 1-2-11，最热月平均气温和最高气温变化曲线见图 1-2-12。

图 1-2-13 中，红色半透明填充的区域就是闵行区的行政辖区范围，由于其距离海洋较远，受海洋性气候影响相对较弱，其最热月的平均气温与其他各行政区相比较高，仅次于中心城区。

1.2.3.2 太阳能资源

根据上海《中国建筑热环境专用气象数据集》中提供的数据，属于太阳能资源Ⅲ类地区（图 1-2-14）。上海地区年总辐照量可达 4580MJ/（m² · a），年总辐照时间 1930h，见图 1-2-15 所示。从全年的分布来看，夏季辐照量偏高，5～9 月的辐照量占全年总辐照量的 50% 以上，但由于梅雨时期的影响，6 月份的辐照量低于相邻其

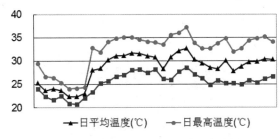

图 1-2-12　上海地区最热月的干球温度变化

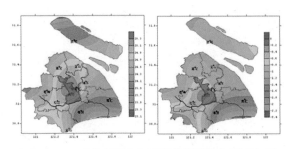

图 1-2-13　上海地区各区县最热月平均气温及气温距平分布图

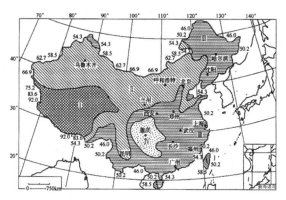

图 1-2-14　我国太阳能资源分布图

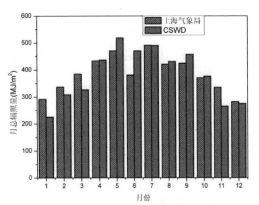

图 1-2-15　上海地区月典型年太阳辐射资源分布

他月份。冬季最少，仅占年总量的 16% 左右，春秋季接近相等，太阳总辐射量的分布与日照时数的分布基本相似。

　　从闵行区来看，年日照时数在 2050h 左右，日照百分率为 45%，略高于上海平均水平（图 1-2-16）。因此，从建筑适应气候的角度而言，可应用建筑一体化太阳能热水系统、光伏发电系统和天然采光技术。

1.2.3.3　降水及地表水资源

　　上海年均降雨量为 1164.5mm，年均最大月为 169.6mm，属于降水较丰沛地区，其中 4～9 月的降雨量较为稳定（图 1-2-17：来源百度文库）。另一方面，作为特大型人口密集城市，上海也属于水质型缺水地区，且地表水水质多属于劣 V 类地区。

　　因此，从建筑适应气候的角度而言，适宜结合绿化景观系统，采用雨水回收处理技术来进行绿化灌溉，降低市政供水需求。

1.2.3.4　浅层地热能资源

　　上海地区属于长江三角洲入海口前缘，其地貌属于上海地区四大地貌单元中的滨海平原类型。该区域内的地基土均为第四纪松散沉积物，在 100m 范围内的地层根

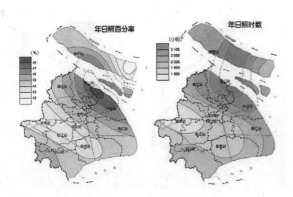

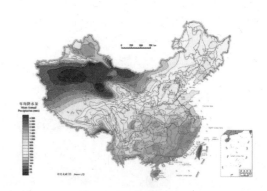

图 1-2-16 上海市年日照时数及百分率分布图　　图 1-2-17 全国降水量分布图

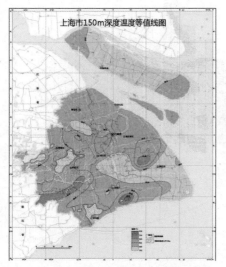

图 1-2-18 上海地区 150m 深度土壤温度等值线图

据热物性主要分为两大类，黏土层和砂土层，其中砂土层由于颗粒较粗，导热性相对更好。上海地区平均地下水位较高，地下水天然流动也有利于土壤换热器的热交换。

地温方面，根据上海市地矿工程勘察院对上海市浅层地热能调查研究的结果，见图 1-2-18，上海地区变温带深度 9 ～ 17m，一般 13.3m；恒温带底界深度在 17 ～ 27m，一般 22m；恒温带温度 17.27 ～ 18.37℃，一般为 17.91℃；增温带的地温增温率为 2.31 ～ 3.89℃ /100m，平均值 3.10℃ /100m。150m 深度等温线分布见，其中闵行区的 150m 等温线分布于 20.0 ～ 20.5℃。

因此，从建筑适应气候的角度而言，建筑可在技术经济合理的条件下合理采用地源热泵系统，同时由于上海地区冬夏季负荷的不均衡，需要配置适宜规模的夏季调峰冷却设备。

1.3 目标

1.3.1 绿色建筑 2.0——传承与更新

位于园区西南角的上海生态办公示范楼，是以中国第一座自主研发的生态示范建筑而载入绿色建筑史册的，可以称之为绿色建筑 1.0。项目于 2004 年 6 月建成，同年 9 月正式揭牌并向社会公众开放参观。生态办公示范楼是建筑师、工程师和建设者共同努力的杰作，全面展示了各种生态建筑关键技术，是个技术集成应用平台，同时也是生态建筑关键技术和产品测试、实验、改进和展示平台。经统计，共有 60 多家国内外企业和研究机构积极参与了工程项目的建设实施。

图 1-3-1 临水而筑的生态办公示范楼

图 1-3-2 生态办公楼的中庭绿化

图 1-3-3 生态办公楼的屋顶绿化

　　该项目占地面积905m²,建筑面积1994m²,建筑共三层。围绕"节约资源、节省资源、保护环境、以人为本"的基本理念,上海生态办公示范楼的总体技术目标是:综合能耗为同类建筑的25%;再生能源利用率占建筑使用能耗的20%;再生资源利用率达到60%;室内综合环境达到健康、舒适指标。为实现该目标,生态办公示范楼采用了四种外墙外保温体系、三种复合型屋面保温体系、多种遮阳系统、断热铝合金双玻中空Low-E窗、阳光控制膜、自然通风和采光系统、热湿独立控制的新型空调系统、太阳能空调和地板采暖系统、太阳能光伏发电技术、雨污水回用技术、再生骨料混凝土技术、室内环境智能调控系统、生态绿化配置技术、景观水域生态保持和修复系统、同层排水系统、环保型装饰装修材料等众多新技术和新产品,通过建筑一体化匹配设计和应用,形成了"自然通风、超低能耗、天然采光、健康空调、再生能源、绿色建材、智能控制、水资源回用、生态绿化、舒适环境"等十大技术亮点(图1-3-4)。

　　作为第一代的绿色建筑示范项目,生态示范楼建成之后陆续接待了来自国内外各界人士,包括政府部门、设计院、房产开发商、研究机构、产品供应商、行业协会、学生等各行各业数万人次的参观考察,成为交流和推广绿色建筑技术信息的良好平台,为推动生态建筑的健康发展起到了积极的作用。先后获得建设部首届"绿色建筑创新

奖"一等奖（2005 年），并成为我国首个绿色建筑"三星级"设计标识项目（2008 年）和运行标识项目（2009 年）。

从生态示范楼到综合楼，尽管空间距离上近在咫尺，但在时间上已跨越了五年的时光。这五年间，中国的绿色建筑行业，从理念萌芽、技术示范到遍地开花，实现了标准—政策—示范—普及的飞速发展。随着绿色建筑走入新纪元，工程师和建筑师的融合创作成为发展的主流，如何在降低成本的前提下实现绿色建筑的宜居品质成为每一个项目在创作之处所面临的挑战。

莘庄综合楼作为上海建科院在一期园区建设的最后一个项目，可以看做是在第一代示范楼基础上的一次升级，旨在将内部功能、建筑美学和绿色设计进行有机融合，打造一座"实惠"、"亲民"的绿色建筑。

基于上述考虑，确定了莘庄综合楼项目的技术实现路线：以建筑功能为主导，以被动式设计策略为核心，结合适用、高效、成熟的技术体系，实现新一代更具建筑表现力的绿色建筑（图 1-3-5）。

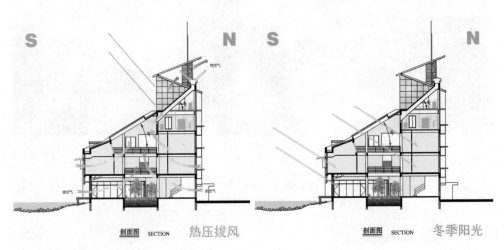

图 1-3-4　通风与采光分析

1.3.2 企业文化表达——多元与融合

上海建科集团是一个具有综合技术研发能力的生产性现代服务企业，为城市建设、运行和管理提供系统服务，下属多个研究所及子公司，涉及建筑设计、工程监理、技术研发、检验检测等多个方面。各个子公司在业务领域、经营方式、管理模式方面都不尽相同，但无不例外地都紧紧围绕着建筑全生命周期这条主线，遵从集团的整体战略和企业文化，呈现了多元融合的内在特点（图 1-3-6）。

因此，建筑的形体设计采用体块叠合的方式，不同的建筑楼层为一个相对独立的"盒子"，隐喻着集团各个子公司在各自领域自拓一片天地；同时，这些"盒子"围绕轴心展现旋转上升的动势，则体现出集团的核心作用与共同发展（图 1-3-7）。

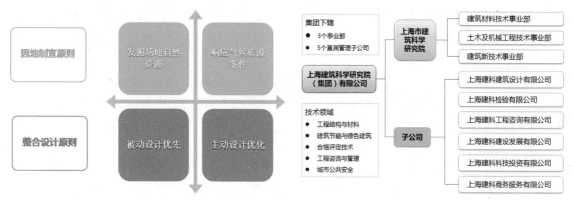

图 1-3-5　莘庄综合楼绿色设计原则　　　　　图 1-3-6　建科集团架构

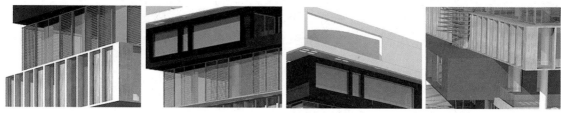

图 1-3-7　多元融合的企业文化表现

在这样的形体之下，每一个单独的"盒子"都不能代表这座建筑物，它们之间的"叠合关系"却定义出一种独特的整体性格，构成了一座集成的建筑。而在建筑表皮的处理方面，运用了石材、素混凝土、涂料、木材、玻璃和金属等多种材质，引入了深灰、浅灰、白色、黑色、红色、木纹色和透明色等，集成众多的建筑质感，却是浑然一体、独特鲜明。

1.4　构思

1.4.1　对当代文明特征的理解

1. 多元与秩序

世界已进入多元和多极的时代，太多的事情都已没有"标准答案"。呈现单一价值概念的建筑，无论形似飞碟、火箭还是盛开的花朵、水面的珍珠，都无意于反映当前的精神生态与价值伦理。走向新的、更高层次的和谐发展，不再基于统一的价值体系，而是基于不同价值取向的平等共存、互补共赢，每个人的价值都值得肯定、每个方向都有它的意义。人们已认识到，整体的价值和发展，正是基于个体的差异性。

那么建筑，究竟可以用怎样的方式来反映时代？

近年来，建筑界不可胜数的宏筑巨构，借助超级材料、复杂的技术和惊人的造价，以种种超大尺度的表情，展现着时代的辉煌。然而，炫目的辉煌之下，我们的时代更有其深层的特质。多极，多元，共存，共赢，合而不同。正是这一迥异于数千年传统的特质，铸就了今天这个时代的辉煌。

莘庄综合楼，正是在这样的时代中诞生，尝试以一组自由叠加的"盒子"形态，反映多元共存的时代特质。错落有致的"盒子"，仿佛堆叠的书籍，质地各异但却始终围绕着一根无形的"轴"旋转上升，是那么不同，却又那么和谐。

2. 没有"正面"的网络时代

如今的人们所处的是飞速发展的网络时代。对于网络时代的简单理解可以是，通过网络把各方面信息通过网络连接起来的崭新时代，前期有 PC 端，后来的移动端，包括笔记本还有平板和手机这些设备去连接。

网络时代特征，其一是感性，其二是去中心化。在网络时代，是没有"正面"和"大门"。正如同传统的系统知识体系被零碎化，现代建筑的方位性已不再像传统中那么重要。

也有人总结，互联网时代的一个特征是：混搭、跨界、穿越。

也许，莘庄综合楼的形态处理，正式对网络时代的呼应。

3. 过程与答案并置

第一个关键是关于体量布局。

主楼有强化形象的要求，还考虑整个园区沿南面城市道路的起伏变化，做足 24m 高。由于处于园区西北位置与主楼相对的是已建成的最大体量建筑，因此附楼只设计为 4 层，既完成整个园区的围合，同时考虑减少东半部分的建筑总体量、避免园区整体空间明显"偏沉"，也减少对东风进入园区的阻挡。综合楼仅对园区内出入，所以在主附楼相交处设门厅，面对中心花园，做成单层的连接体，形成一个更近人的尺度，主附楼形成的反 L 形中间设地下车库（图 1-4-1）。

第二个关键是关于建筑形象。

主附楼都是由一些大小不一的扁长"盒子"，看似随意地叠放在一起，然而又

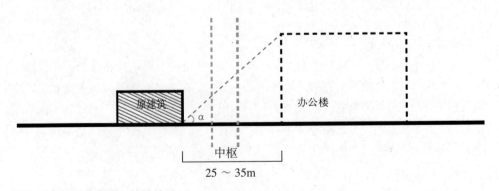

图 1-4-1　设计灵感—体量关系

围绕主附楼结合处无形的竖向轴，形成一种旋转上升的整体动势。各层分别体现石材、木材、涂料、玻璃、金属等质感，似乎取自不同的建筑。

1.4.2 为使用者设计

1. 使用者参与

绿色建筑的核心是平衡与共享，它是人与自然得共享，是人与人的共享，是精神与物质的共享，也是当代与未来的共享。

因此，建筑设计的全过程必须体现关系人共同参与设计的原则。这就意味着对传统设计流程的优化，通过共享设计，创造设计师与业主、使用者的亲密对话，通过建筑师与工程师的智慧融合，构建建筑学科与关联学科的集成平台。

综合楼定位于自用型办公楼，但也承载着一段时间的展示交流功能。因此，未

使用者需求分析　　　　　　　　　　　　　　　　表 1-4-1

"6E"及宗旨	使用人群	使用者需求	需求在园区中的体现方式
Enliving park 工作园 快乐工作	内部职工	员工活动、娱乐空间可到达各处的便捷交通	职工活动室、运动场地、休闲餐厅、共享空间、便捷交通联系以及较好的景观绿化
Experiment park 实验园 产品研发	内部职工及部分客户	实验检测与研发以及相关方面的研究	标准化实验室、重型实验室、研发中心以及配套办公等
Experience park 体验园 社会体验	主要为社会人士	体验建科集团的企业文化、先进的建筑技术、实验的工艺流程以及园区微环境系统	场地中设置相应的展示区域、局部在建筑中的技术手段、交通系统与景观的结合等
Education park 教育园 教育结合	主要为青少年群体，以及感兴趣的市民	绿色技术、实验流程等针对青少年群体的展示	展览大厅，展示空间以及建筑之间的交通连接体等
Exhibition park 展示园 科技展示	所有人	建筑展示、技术展示、实验展示、文化展示等	企业文化展厅、纪念品商店、建筑科技展示区域、景观节点展示区域
Eco park 生态园 环境反哺	所有人	感受园区中的绿色建筑、清洁交通以及污水循环、废物回收、能源低碳等技术	院内全部实行电动车接驳、风光互补路灯、雨水收集系统以及中水循环系统

来这座楼的使用者是多样化的,既包括内部员工和客户,也会有业界同行,感兴趣的社会人士,甚至青少年。因此,综合楼的功能设计,应充分考虑并兼容这些人群的需求,整合生态、实验、教育、体验、展示、工作六大功能。

由于本工程的使用者和管理者就是建科集团的几个部门,因此从一开始就有条件让员工参与对设计方案的评判、选择、提出意见,使设计的建筑成为他们大多数人喜欢的样子并且盼望着早日建成。接下来的深入设计仍然充分吸收其意见,尤其是室内装饰设计,与使用者进行了多次讨论,最终确定的方案融合了大多数人的想法,尽可能地实现了为使用者而建造的目标。

2. 创造更多的空间

我们的第一个行动,是向标准的层高发出挑战(图1-4-2)。办公楼真的必须要满足4m的层高吗?

莘庄综合楼创新地采用了钢筋混凝土空心无梁楼盖技术,摒弃了传统在办公空间设网格吊顶的做法。这样的好处是显而易见的,建筑层高降至3.3m。这样一来,在规划控高24m的情况下,建筑从六层"长"到了七层。

当然,机电系统必须与之紧密配合,室内空调系统采取了侧送风的空调终端方案,在办公层内走廊或开敞办公空间的走道部位吊顶上走新风管和空调水管等。由于没有梁,走道部位的完成面净高能够做到2.4m,而无吊顶办公区域的净高可达到2.85m,完全可以满足使用功能的需要。

"节地"是建筑可持续设计的重要内容,可是在建筑单体设计上很难有什么策略。也许,压缩层高会是一种有益的探索。

除此之外,在建筑的地下部分设计了具有自然采光和通风功能的研究室,因此,从某种意义上而言,综合楼实现了向上和向下的"生长",也因此成为一幢八层的办公楼。

我们的第二个行动,是采用矩形平面。矩形平面的好处是标准化(图1-4-3)。

每层平面都是矩形,才有利于办公空间的高效使用。而且,在建筑漫长的使用

图1-4-2　标准层高的挑战

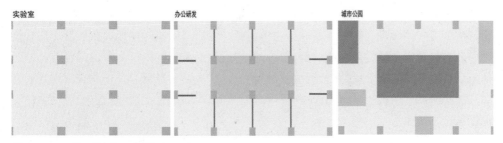

图 1-4-3　矩形的平面布置

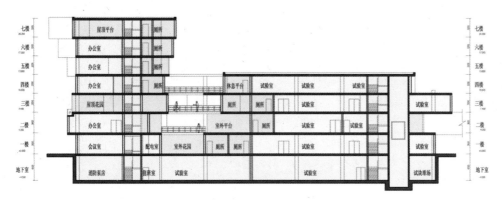

图 1-4-4　紧凑的建筑空间

时间里，矩形的空间和标准的柱网，也有利于实现使用功能的改变和空间的重新划分。

我们的第三个行动，是采用了紧凑的空间设计（图 1-4-4）。

本次设计中舍弃了"中庭"等大空间，使得垂直交通和水平交通空间都很紧凑便捷。相比于中庭对于通风采光的生态意义，在寸土寸金的商业时代，建筑面积的有效兑现有时候更有实际价值。而自然通风和采光，通过进深控制、窗墙比优化以及精准开窗设计，同样可以达到预期的效果。

1.5 创作

设计首先从功能着手，按功能分区设计内部空间和交通流线。动静分区，出入口分开。各种空间的尺度、开敞性和封闭性、自然采光、自然通风、视线设计等均遵循其功能的需要。

1.5.1 平面布局

1. 总平面的考虑

本项目位于园区的东南角，南侧为申富路，东侧为春中路和邱径港。主楼主体按南北朝向布置，平行于申富路；附楼沿河布置。总体呈反 L 形，考虑将在园区东南角形成一道封闭屏障，附楼 4 层并与主楼脱开，用通透的连廊连接。在 L 形交角处设计通透的玻璃围护结构的主入口及门厅，并通过分层旋转的矩形，形成螺旋上升的形体意向，既丰富了立面又改善了园区风环境。这样可使大部分办公房间获得很好的朝向——正南向。华东地区南、北向气候状况优劣明显，因此，北面轮廓为简单的直线，南面轮廓则较为丰富一些。

交通组织方面，充分考虑了园区既有交通流线的延续性和整体停车功能的扩展性。中春路作为城市交通主干道，城市规划中中春路侧沿途不能设置车行出入口，因此在申富路设置园区主要出入口。机动车以地下停车方式为主，结合道路设置了部分地面停车位，以尽可能保证地面的良好生态环境。其中机动车停车位 80 辆（地上 35 辆，地下 45 辆）。由于本次建设的用地范围还包括原中心花园的东部约三分之一面积，因此，将车库的出入口坡道设计在了原花园区域，这样就完整地保留了园区已有的机动车环路。同时，在车库的设计过程中，巧妙地引入下沉式边庭的做法，将地下车库侧面完全打开，形成一种半地下的亲近自然的感觉；而除了车库坡道以外的区域，在土建完成之后将实现生态复原，回归绿地原貌（图 1-5-1）

2. 各层平面布置

整个建筑主楼地上七层，高度 23.4m，附楼地上四层，高度 13.9m，地下一层。总建筑面积 9992m²，其中地上建筑面积 6975m²，办公主楼建筑面积 4573m²，研究附

图 1-5-1　设计鸟瞰效果

楼建筑面积 2402m²；地下建筑面积 3017m²，办公部分 437m²，研究室 292m²，车库 1850m²，设备用房 438m²（图 1-5-2）。

主楼首层入口朝向西北，迎向园区的主要景观中央花园。通过电动玻璃门进入后为大堂空间，用于布置前台、会客等待以及集团文化展示。首层还设计了一个可容纳 100 人的多功能厅，以及若干小型办公室。主楼和附楼各自设置垂直交通系统，主楼设置一部客梯，设在大堂西南侧，消防楼梯紧邻设置，以员工日常使用便捷为主要考虑。附楼设置一部货梯，作为大型设备和实验件的运输通道，电梯井靠近附楼出入口。

地上 2 层至 6 层为各部门的办公楼层，包括一般办公和会议功能，各层南侧均设置一个露台空间，形成休憩和交流中心。设备间和卫生间等辅助空间，均设计在各层东北角，紧邻连廊，便于物业巡查维修的同时，也尽量远离了办公区域，减少了噪音影响（图 1-5-3 ～图 1-5-6）。

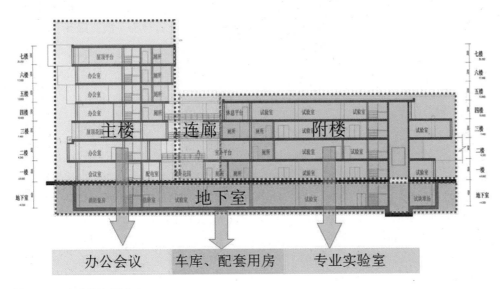

图 1-5-2　功能空间分布

图 1-5-3　地下一层和一层平面　　　　　图 1-5-4　二层和三层平面

图 1-5-5　四层和五层平面　　　　　　　　图 1-5-6　六层和七层平面

门厅屋顶、主楼屋顶和附楼屋顶，均设置了不同形式的屋顶绿化。其中门厅屋顶和附楼屋顶均采用易养护的景天类地被植物，主楼屋顶设计为花园式绿化，形成乔灌草复层的休憩平台（图1-5-7）。

1.5.2　环境心理

1. 阳光

当建筑物外围护结构的保温性能提高之后，人工照明在建筑能耗中的比重上升，因此自然采光的充分利用，在建筑节能上具有重要意义。另外一方面，自然采光的视觉舒适性也远远高于人工照明。考虑到综合楼基本上是白天使用，所以对昼光照明和遮阳作了很充分的考虑。

莘庄综合楼期望所有建筑空间均以自然采光为主（图1-5-8），而无梁楼板顶棚直接刷白的简洁面层处理，也有助于提高室内自然采光的质量。然而，当高大空间采用昼光照明时，室内光环境质量往往受到眩光的影响。本项目首层有挑高门厅，这里有一个特别的处理手法，就是设计了一处幽静的内庭院。当人们走进门厅，映入眼帘的首先是白色后院墙反射的柔和天光，二、三层的连廊也可以有效地减弱高位眩光（图1-5-9）。

南向外墙开窗最大，以获取充足的自然光。但是这样一来遮阳的问题就突出了。除了建筑层层外挑形成自遮阳区域之外，还有一些南窗在夏季需要遮阳。另外，办公空间也需要窗帘调节室内光环境。结合这两方面，采取的策略是用双层窗：外层为单玻普通铝合金框，内层为中空断热铝合金框，两层中间悬挂铝合金百叶帘。唯有体现玻璃通透感的第五层采用Low-E玻璃单层中空窗，结合室内窗帘（仅用于调节采光）。

底层门厅朝西北有较大面积的玻璃外墙，离外墙一定距离设有钢结构的爬藤植物架，将落叶藤本植物作为遮阳构件来设计。实验楼为东西向，同样采取了自遮阳、构件遮阳、植物遮阳等策略（图1-5-10）。这些策略都综合了遮阳与采光以及充分利用冬季阳光。

图 1-5-7　主入口和大堂空间效果

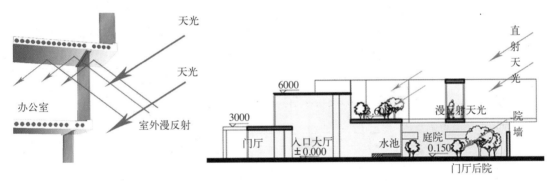

图 1-5-8　自然采光示意　　　图 1-5-9　门厅防眩光设计策略

2. 风

在华东地区，过渡季节室内良好的穿堂风设计对提高人体舒适性有十分重要的作用，同时可以减少空调系统开启时间实现巨大的节能收益。

本项目属于小体量建筑，是相对容易实现自然通风的。每层外表皮均经过计算设计足够的可开启外窗，形成水平穿堂风效果。但是本项目还是有两个问题要解决：一是主楼的进深相对较大，如果设中走廊的话，北部通风会较差；二是附楼为东西向，夏季主导风东南风不易进入。

针对前者的策略是：南面每层均"掏空"一个开间做空中花园，既给办公室提供共享的半室外休息空间，又通过这个大"阳台"给中走廊增加风压，改善北部房间的自然通风；针对后者的策略是：中走廊南端向外开口放大，让更多的东南风进入附楼（图 1-5-11）。

3. 沟通

生活在大城市的人们，往往迷失在快节奏的工作和疏离的人际关系中，而项目的创作者们从一开始就在致力于倡导一种开放与交互的理念，即建筑为人与人的交流

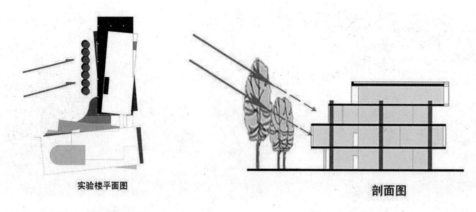

实验楼平面图　　　　　　　　剖面图

图 1-5-10　植物遮阳的原理

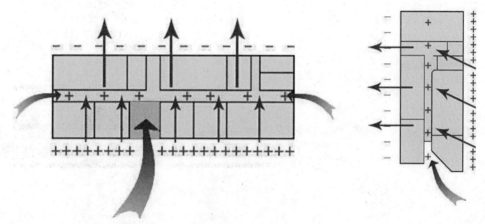

图 1-5-11　主楼和附楼的自然通风策略

共享提供更多空间，让人与人的思想能更多地碰撞出智慧的火花。

　　传统的办公空间，一般被划分为不同的房间，座位之间也用隔断分离，视觉上的阻碍不经意间将人们的思维限定在格子间内，限制了人际互动与交流；部门空间的分隔，也使得人们下意识地不愿离开自己的地盘。莘庄综合楼在设计方面采用了开敞通透的大开间布局形式，不同的工位之间采用低矮的储物柜和绿色植物虚拟隔开，为无障碍的交流提供了基础保障。人们通过面对面的办公，不仅可以大大提高工作效率，增进沟通频率，还可以培养员工保持开放、吸收的状态，在不知不觉中提升内心的正能量。事实上，对于这群从事咨询、研发等创新形态领域工作的年轻人而言，确实有许多的灵感是瞬间产生的，而且往往是在不经意的交谈与聊天中，通过一次又一次的头脑风暴触发的。开放的空间、零距离的交互，非常有助于灵感的触发和启迪（图1-5-12）。

4. 放松

　　人对自然的本能需求，在今天城市里寸土寸金的建设压力下，似乎已经成为一个遥不可及的梦。莘庄综合楼的平面功能紧凑中不乏放松，每层内凹设计的空中庭院，成为员工交流和休息的好地方。每层的办公楼层平面通过这个空中庭院实现了自然的分隔，既方便部门的划分使用，又构成了平面流线汇聚中心，成为两个部分的联系点。根据所在楼层不同的功能定位，这些空中庭院可以成为花园、交流平台抑或茶桌。

5. 文化

现代建筑与传统文化的融合，既是建筑设计手法的创新，同时也是使用者环境心理营造的需要。

本项目在首层门厅之后，主附楼之间设置了一小片室外空间。一面带有中式院落风格的院墙赋予了这个庭院传统园林的意味。门厅外的遮阳藤幕钢架，则采用了江南民居木窗的格构图案，与自由伸展的藤蔓相得益彰，产生如同中国画一般的视觉趣味。文化的可持续，自然而然地融入建筑设计之中（图 1-5-13）。

图 1-5-12　开放共享的办公平面

图 1-5-13　首层中式庭院平面

第 2 章
实现篇

建筑·由内而生

2.1 和谐环境营造——建筑与自然共生

2.1.1 平面布局和风环境

园区基地的总平面为东西方向的长矩形,综合楼项目启动之前,科技园区的西南部、西部、北部已建成多栋低、高层建筑,随着东南方向的综合楼建成,整个园区的平面布局将形成一个包容内向的空间,见图 2-1-1 的园区鸟瞰效果。

综合楼作为新建项目,其建成效果将对中心花园及其他楼栋的通风情况存在影响。因此,在前期对综合楼的平面布局进行充分论证,一方面能改善中心绿地的风环境,防止冬季局部风速过大,而在夏季利于通风改善人行区热舒适环境;另一方面,也使得建筑本身的形体构造有利于引入自然风,降低外部表面温度,减少建筑得热,降低空调能耗。

为此,我们根据《中国建筑热环境分析专用气象数据集》中的数据,对上海地区全年的风速和风向频次进行了统计分析,以此为依据,对设计中的建筑形态进行参数化设计。

根据对各个风向的统计结果(图 2-1-2),上海地区全年出现频率最高的风向为东北风、东风和东南风,其中夏季的主导向风为东南风,冬季的主导风向为西北风,过渡季的主导风向为东北向。进一步对各风向的平均风速进行了统计,结果表明平均风速最小值出现在东南风向,风速为 2.4m/s;平均风速最大值出现在西北风向,风速为 4.0m/s;而对于室外环境影响最大的过渡季常见风向的风速统计结果为 3.3 ~ 3.6m/s(图 2-1-2)。

综合考虑办公建筑对于通风和日照的需求,将综合楼主楼设计为南北朝向,这样可使大部分房间获得很好的朝向,附楼则布置为东西朝向。L 型的建筑布局加大了迎风面的面积,同时在南向设置开敞的休憩露台。北向设计逐层的错落退台(图 2-1-3),保证过渡季自然通风的同时,减小了建筑入口区域的风环境多变性。

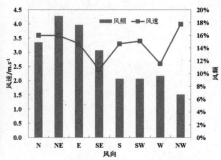

图 2-1-1 莘庄综合楼建成后的园区整体鸟瞰图　图 2-1-2　上海全年八个风向频率分布图

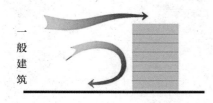
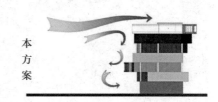

图 2-1-3　建筑北立面的特殊处理

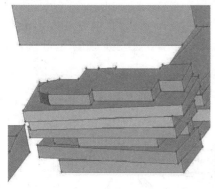
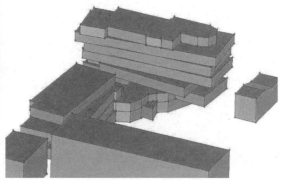

图 2-1-4　CFD 建筑模型（东南视角）图 2-1-5　CFD 建筑模型（西北视角）

　　基于上述概念设计，项目采用了 CFD 软件对园区的风场进行了预测分析，以校验新建项目对于园区整体风环境的影响，重点是人行道路的各季节风速情况。根据数值风洞技术的基本原理，充分考虑周边影响，提高模拟精度，采用的环境区域范围为 950m×900m×100m，建筑物模型如图 2-1-4 和图 2-1-5 所示。

　　分析结果表明，由于新建的综合楼坐落于园区东南角，一定程度上可削减东南向和南向的来流风进入园区，有利于中央绿地以及周边道路的风速维持在合理限值下，保障行人的舒适性与安全性，在标准工况下各处的最高风速均保持在 5m/s 以下。然而，由于西侧的生态住宅示范楼与新建综合楼的间距较小，在南向和东南向的主导风向下，可能出现局部风速过大的巷道风效应，应该在景观设计中考虑种植阔叶乔木以削弱过高的气流速度。同时，在综合楼东侧也可结合景观设计种植大型乔木，作为挡风屏障，兼顾夏季遮阳防晒作用（图 2-1-6、图 2-1-7）。

　　图 2-1-8 显示了园区在春季和夏季的空气流通情况，以空气龄参数来表征空气的新鲜程度，数值约小表明空气流动通常，该区域的空气较为新鲜，数值越大则表明有涡旋存在，可能发生污染物滞留现象。可以看到，园区的人员活动区域空气基本流通，没有死角和漩涡，空气龄基本在 400s 以下，表明整个园区的风环境良好，综合楼并未对园区内部，特别是中央绿地的空气流通形成阻碍。

　　通过对综合楼建设项目的总平面布局的模拟分析，整体上，综合楼与园区原有建筑形成相对闭合的总平面布局后，由于保留了较多的通风廊道，因此并不会对园区

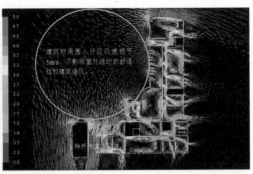

图 2-1-6　春季园区室外风速分布（离地 1.5m 高度处）　　图 2-1-7　秋季园区室外风速分布（离地 1.5m 高度处）

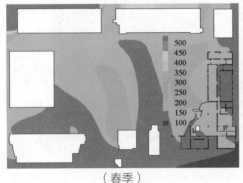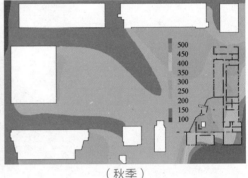

（春季）　　　　　　　　　　　　　　　（秋季）

图 2-1-8　园区人行高度处的空气龄分布

内部的风环境产生严重影响，特别是人员停留时间较多的中心花园，仍然可以维持较好的通风换气水平。

2.1.2　建筑自然通风

1. 自然通风的意义

　　自然通风是指不消耗任何机械能而仅依赖室内外的一些自然条件，使室内产生气流流动的通风方式。利用建筑内外的有利条件，合理地进行自然通风设计，是实现建筑可持续发展的重要手段之一。

　　合理利用自然通风，可以减小空调系统运行时间，达到节能的目的。对于夏季气候比较温和的地区，通过良好的自然通风设计，建筑仅依靠自然通风即可维持适宜的室内热舒适性。而对于夏季室外炎热的地区，应用自然通风的主要目的是在过渡季节推迟空调开启时间，以及在夏季夜间或室外温度比较适宜的条件下，利用室外自然风带走室内余热，从而减少空调系统的运行时间，达到建筑节能目的。

　　利用自然通风可以明显提高室内的热舒适性。自然通风条件下的室内设计参数选取不同于传统空调房间的室内参数选取。已有大量研究表明，由于自然风独有的脉动特性，在自然通风状态下更容易满足人体的热舒适要求。并且自然通风条件下，室内可接受的热舒适温度可以比空调工况下高。因此，通过自然通风的优化设计，可以明显提高室内的热舒适水平。

自然通风可以改善室内空气品质，克服空调环境对人体健康的不利影响。人体长期处于空调环境，会产生不同程度上的"空调适应不全症"，俗称"空调病"。即空调系统维持的相对"低温"环境使皮肤汗腺和皮脂腺收缩，腺口闭塞，导致血流不畅，发生神经功能紊乱等症候群。同时由于空调环境中缺乏适当刺激，人体适应能力有所下降。此外，办公建筑中存在的大量"病态建筑综合征"也是由于缺乏新鲜空气，无法有效排除室内污染物而引起的。

利用自然通风，可以提供室内人体足够的新风量，并且室内的温度及空气流速都是动态变化的，从而改善室内的空气环境。

2. 自然通风的实现方式

从驱动力上而言，自然通风主要包括热压作用下的自然通风、风压作用下的自然通风以及热压风压共同作用下的自然通风。在进行建筑自然通风设计时，应综合考虑到建筑和室内外的状况，尽可能地利用风压作用和热压作用。对一般建筑而言，往往是两种驱动力共同作用，以某种形式为主。

（1）热压作用下的自然通风。自然通风的热压作用是由于室内外空气的密度差引起的。当室内有比较显著的发热源，室外温度较低，并且在建筑上、下部均有开口时，就会产出比较明显的自然通风现象。此时室内空气被室内热源加热，在浮升力作用下上升，从建筑上部开口排出，这样会在建筑下部形成局部的负压区，当下部有开口时，室外温度比较低而比重大的新鲜空气就可以源源不断地进入室内，从而产生室内外空气的循环流动。人们形象地称这种由于热压而引起的自然通风现象为"烟囱效应"，见图 2-1-9。热压作用的大小取决于室内外的温差和建筑上、下部开口的高差，室内温差越大，上、下部开口高差越大，热压作用就越显著。因此，对热压通风，要求建筑上开口尽量设在建筑的最高处，形成大高差。

（2）风压作用下的自然通风（图 2-1-10）。当室外风速很大时，由风压作用引起的建筑自然通风现象比热压作用更为明显，可只考虑风压作用。风压是指室外的空气流受到建筑阻挡时，建筑物四周不同表面气流的压力分布将发生变化，迎风面气流受阻，动压降低，静压升高，形成正压；在背风面、屋面或两侧将产生局部涡流，静压降低，形成局部负压区。如果在建筑物表面正压区或负压区有开口，气流就会从正压区流向室内，再从室内向外流至负压区，形成风压作用下的自然通风。风压作用的特点是随机性大，主要取决于室外风速的大小和风向，并与建筑开口的位置、有效面积和建筑物的形状有关。

（3）热压风压共同作用下的自然通风。实际建筑物总是同时受到风压和热压的共同作用，由于室外风的风速和风向经常变化不定，风压作用的随机性很大，热压作用的变化相对较小。另外值得注意的是，热压风压共同作用下的自然通风不一定等效

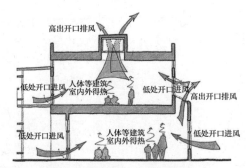
图 2-1-9　热压作用下的自然通风

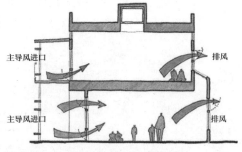
图 2-1-10　风压作用下的自然通风

于热压和风压单独作用下的直接累加效果，有时两种作用相互加强，有时两种作用相互削弱。但到目前为止，两者的综合作用机理尚在不断的研究和探索之中。

3. 本项目自然通风设计

莘庄综合楼项目在总体规划阶段已经对总平面进行了优化设计，建筑单体自然通风设计的目的在于：通过模拟计算优化门窗和建筑内自然通风路径设计，实现室内良好的自然通风效果，在春秋季和夏季室外主导风向及平均风速情况下，室内主要功能房间的自然通风换气次数达到每小时 5 次以上；降低过渡季节和非极端气温下的空调能耗，实现春秋季节各减少空调开启时间约 1 个月。

（1）确定自然通风潜力

自然通风潜力是指仅依靠自然通风就可确保可接受的室内空气品质和室内热舒适性的潜力。通常可根据建筑所在地区的气候条件，如历年统计的风速分布和风向、宏观气温分布、太阳辐射照度、室外空气湿度等来确定该地区气候的自然通风潜力。在确定自然通风方案之前，有必要收集建筑所在地区的气象参数逐时变化情况资料并进行分析。

上海地处夏热冬冷地区，濒江临海，属亚热带海洋性季风气候。总体而言温和湿润，四季分明，呈现了季风性、海洋性和局地性气候特征。由于上海城区面积大、人口密集，使上海城市气候具有明显的城市热岛效应。全年平均气温 15.8℃，1 月最冷平均为 3.6℃，暴冷的天数不多（一般持续 3 天），属于江南的湿冷气候；7 月最热为 27.8℃，超过 35℃的高温天数 10 天左右。全年雨量 1149 毫米，降雨日数 132 天，占全年总日数的 36%。因冬夏季风交替，降水受其影响，形成了全年 3 个多雨期和 3 个少雨期，即春雨期、梅雨期和秋雨期为多雨期；盛夏、秋后期和冬季为少雨期。上海日出日落时间为，冬至 6:49 日出，16:57 点日落，夏至 4:50 日出，19:01 日落。

将上海全年小时平均温度和相对湿度绘于舒适区域图上，可以进行自然通风的就是那些落在舒适区域内部的点所对应的时间，见图 2-1-11。统计表明，当室内风速达到 0.5m/s，则通过引入自然通风满足人体热舒适的小时数总计有 1737 小时，占全年将近 20% 的比例；本项目自然通风设计的目标，就是将其中的 1/3 时段利用起来，节省空调系统开启时间。

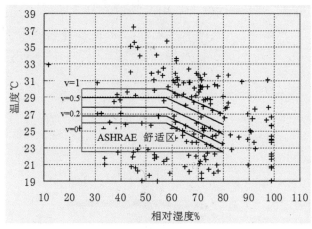

图 2-1-11　上海地区全年室外温湿度分布与 ASHRAE 热舒适区域

图 2-1-12　建筑南立面露台设计（上：设计图，下：实景图）

（2）合理的建筑开口设计

莘庄综合楼平面呈 L 形，南北进深较小，东、南、西、北向开窗设计合理，且室内主要功能区域为开放式办公区，通过迎风面和背风面的对开窗设计，可形成良好的穿堂风效果，因此，过渡季和夏季工况下的主导风向风压通风成为本项目实现良好自然通风的主要动力。

南立面设置了错落分布的休憩露台（图 2-1-12），可作为各层新鲜空气导入口。过渡季节利用一至七层的外门窗和露台从室外引入自然风，促进各楼层空气流动，达到改善室内空气环境的目的。主附楼之间、主楼和改造小楼之间具备可开启窗的连廊设计，均为室内利用自然通风创造了有利条件（图 2-1-12）。

建筑首层设计了一处内庭院，中式园林风格的照壁既是设计师的点睛之笔，同时也可作为冬季的挡风屏障，削减对北侧玻璃幕墙的风压，减少冷风入侵（图 2-1-13）。

（3）CFD 辅助设计和通风预测

当风吹过建筑物时，由于建筑物的阻挡，迎风面气流受阻，静压增高；侧风面

图 2-1-13　小庭院与中式照壁

和背风面将产生局部涡流，静压降低。影响建筑物周围风压的因素包括建筑本体的几何形状、建筑相对于风向的方位、风速等。方案设计阶段，我们利用 CFD 模拟软件开展了自然通风的表皮参数化设计，对各风向建筑立面压差进行模拟计算，结果如图2-1-14 所示。

通过对八种不同方向的来流风进行建筑表皮风压的模拟计算，可以看到，来流风与建筑本体相互作用后，在建筑迎风面和背风面形成了不同的压差分布。而由于建

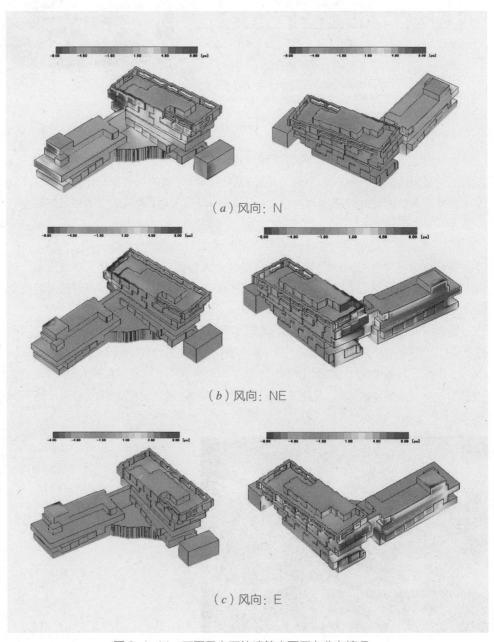

（a）风向：N

（b）风向：NE

（c）风向：E

图 2-1-14　不同风向下的建筑表面压力分布情况一

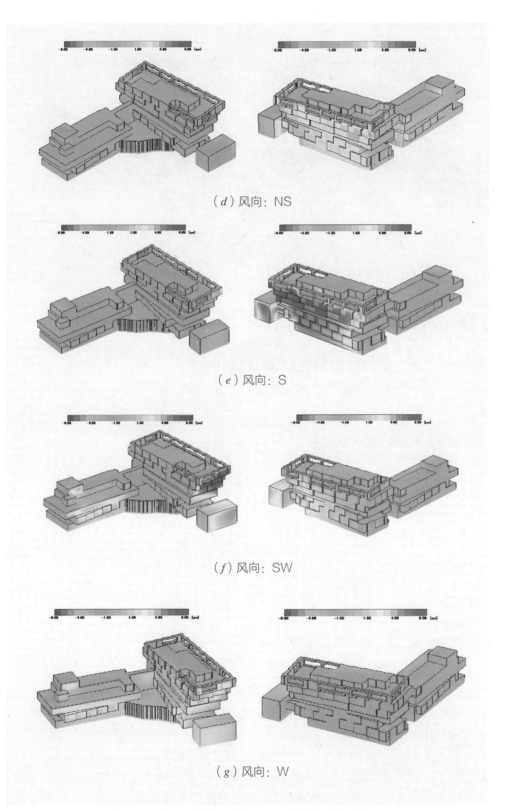

（d）风向：NS

（e）风向：S

（f）风向：SW

（g）风向：W

图 2-1-14　不同风向下的建筑表面压力分布情况二

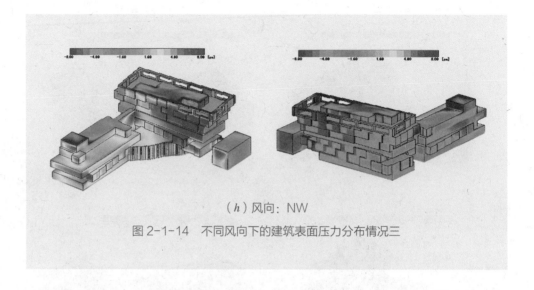

（h）风向：NW

图 2-1-14　不同风向下的建筑表面压力分布情况三

筑南北进深小，东西进深大，南北侧通风成为室内自然风主要流通路径。

　　对于自然通风而言，主要是过渡季和夏季用来调节室内空气品质和热湿环境的被动式节能手段。过渡季是指室外气温在 12 ～ 22℃的月份，因此统计 3 ～ 11 月的八个常见风向下的通风帕时数如表 2-1-1 和图 2-1-15 所示。

3 月～ 11 月期间建筑外立面压差和时数统计表　　　　　　　表 2-1-1

室外风向	建筑南北立面压差（Pa）	小时数（h）
N	5.4	778
NE	1.5	1150
E	2.4	1296
SE	4.1	1045
S	7.1	675
SW	2.8	675
W	4.8	542
NW	10.3	318

　　在工程设计中，也可以用帕时数直观地表示建筑物的通风能力。帕时数是指建筑可提供自然通风有效压差与具有此压差数的小时数的乘积之和，数值越大，表明自然通风有效潜力越大。图 2-1-16 显示，室外风向为 N、SE、S 时的建筑通风帕时数最大，而当室外风向为 NE、SW、W 时的建筑通风帕时数较小。

　　对本项目的自然通风潜力采用逐月帕时数进行统计，结果如图 2-1-16 所示。可见，各月份的累计帕时数均大于 2000，表明具有较好的自然通风利用潜力，其中尤以 3

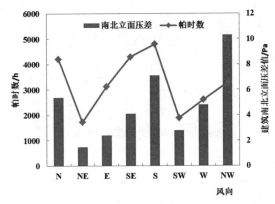

图 2-1-15 建筑通风帕时数统计

图 2-1-16、逐月自然通风潜力分析

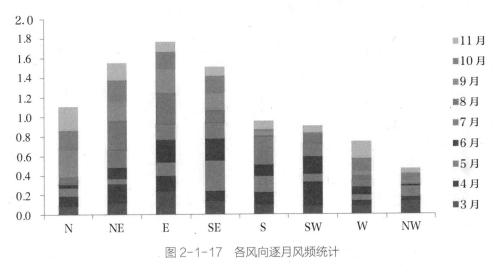

图 2-1-17 各风向逐月风频统计

月和 5 月通风潜力最大，而 8 月最小。由于 8 月室外气温多高于 30℃，相比自然通风更多的应采用空调调节室内热湿环境，因此认为，本建筑将主楼和附楼分离的体块设计，南北长东西短的平面布局，将有利于在深化设计中采用自然通风作为建筑节能的重要手段。

　　根据前述分析，建筑采用自然通风时间段主要分布在 3 ～ 11 月，此时室外主要风向为 NE、E、SE（如图 2-1-17 所示）。以下对此三种风向下的室内自然通风效果展开分析。

　　采用 CFD 计算软件，对 NE、E、SE 三个主导风向下，对建筑物各层的室内自然通风情况进行模拟计算，结果如图 2-1-18 ～图 2-1-20 所示。建筑在南侧设置大开窗，有利于室外风的流入与流出，从而调节室内微环境，三层到六层的露台设计，有效引入自然风，室内换气次数得到明显改善。建筑各层的扭转式设计，增强了垂直方向的风的扰动，进一步引导室外风由迎风面进入室内，实现通风换气。

（a）首层室内风速分布

（c）二层室内风速分布

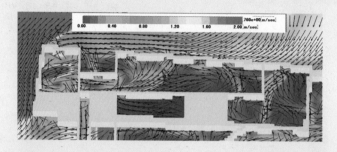

（b）首层室内风速分布

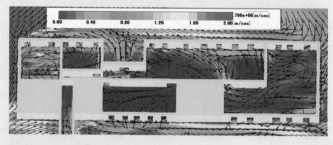

（d）四层室内风速分布

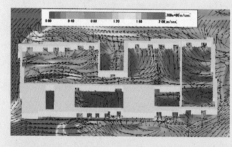

（e）五层室内风速分布

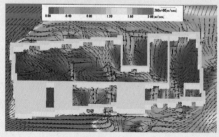

（f）六层室内风速分布

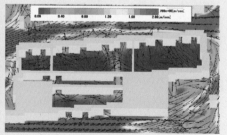

（g）七层室内风速分布

图 2-1-18　NE 风向时室内各层气流分布情况

图 2-1-18 显示了室外来流风为东北方向下，各层的室内自然通风预测情况。首层主要为大堂和小办公室以及报告厅，在东北风向下，室外风主要由大厅移门和东侧开窗进入室内，由北向南流经房间各处，由南侧开窗流出室外，换气次数达到 7.5 次 /h；二层空间主要为办公区，室外风主要由北侧、东侧开窗进入室内，由北向南流经房间各处，由南侧开窗流出室外，换气次数 5.4 次 /h；三层至五层均为办公空间，室外风均由东侧开窗进入室内，分别向南北两侧流经房间各处，由南北侧开窗流出室外，换气次数为 6.6～14.3 次 /h；六层为开放式办公空间，室外风主要由北侧开窗进入室内，由南侧开窗流出室外，换气次数 5.2 次 /h；七层为小办公室和会议室，换气次数 5.7 次 /h。

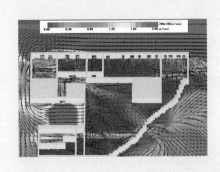

（a）首层室内风速分布

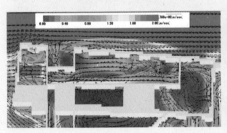

（b）首层室内风速分布

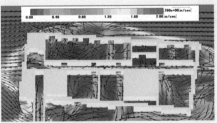

（c）二层室内风速分布

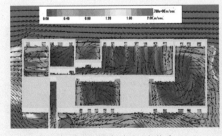

（d）四层室内风速分布

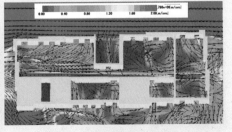

（e）五层室内风速分布

图 2-1-19　E 风向时室内各层气流分布情况一

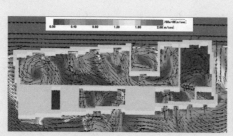
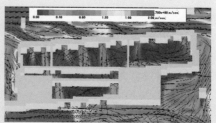

（f）六层室内风速分布　　　　　（g）七层室内风速分布

图 2-1-19　E 风向时室内各层气流分布情况二

　　图 2-1-19 显示了室外来流风为东风情况下，各层的室内自然通风预测情况。可以看到，首层空间在东风向下，室外风主要由东侧开口进入室内，由南侧开窗和主要进出口流出室外，换气次数 6.8 次 /h；二层至七层均为办公区或会议室，室外风主要由东侧开窗进入室内，由南侧、北侧开窗流出室外，换气次数 5.0 ～ 9.8 次 /h。

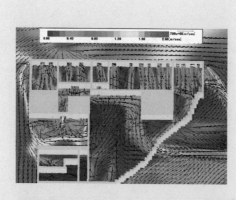

（a）首层室内风速分布

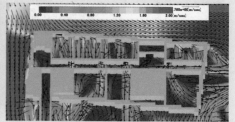

（b）首层室内风速分布　　　　　（c）二层室内风速分布

图 2-1-20　SE 风向时室内各层气流分布情况一

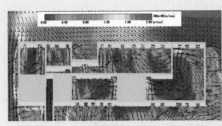

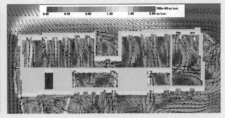

（d）四层室内风速分布　　　　　　　　（e）五层室内风速分布

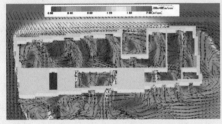

（f）六层室内风速分布　　　　　　　　（g）七层室内风速分布

图 2-1-20　SE 风向时室内各层气流分布情况二

　　图 2-1-20 显示了室外来流风为东风情况下，各层的室内自然通风预测情况。首层空间在东南风向下，室外风主要由南侧开口进入室内，由主要进出口流出室外，换气次数 10.4 次 /h；二～七层，室外风主要由南侧开窗进入室内，由北侧、东侧开窗流出室外，换气次数 5.7 ～ 23.2 次 /h。

　　通过各层的室内自然通风模拟，对通风量进行统计和计算，结果如图 2-1-21 所示。可见，东南风时室内各层通风量最大，东北风次之，东风最小。这是因为当室外来流风向为东南风时，南侧开窗为主要进风口，北侧开窗为主要出风口，可以较好地实现穿堂风设计效果；东风和东北风时，主要进风口为东侧开门，南北开窗则为出风口，导致通风量有所下降。

　　从图 2-1-22 可以看到，不同风向下各层呈现了不同的自然通风效果。如东北风和东南风时，5 层通风量最大，1 层通风量最小；东南风时，6 层通风量最大，1 层通风量最小。对于二层到四层而言，自然通风量与来流风的相关性显得相对不那么敏感。

　　对各层空间的换气次数进行统计和计算，自然通风季节下，各层室内换气次数均可达到 5 次 /h 以上。因此，莘庄综合楼的室内通风设计很好地营造了室内气流通道，符合室内人员舒适性需求。

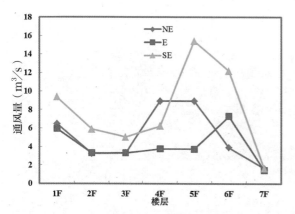
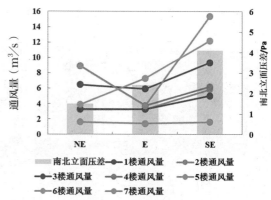

图 2-1-21　不同风向下的各层自然通风量统计　　　图 2-1-22　不同楼层的通风效果比较

（4）自然通风控制策略

在过渡季节的情况下，良好的自然通风不仅可以满足室内的空气质量，最大程度的满足使用者的热舒适，同时缩短使用供热空调的运行时间。而在进行自然通风的设计之后，实施自然通风策略的关键就在于开窗关窗的选择模式。根据室内热舒适和空气质量对自然通风的要求，提出了综合楼的自然通风开关窗户的选择模式，见图 2-1-23。

（5）小结

综合楼项目通过总平面的合理规划，并采用 CFD 辅助设计策略对建筑开口和构件进行精细化设计。通过对建筑立面压差进行分析，可知各风向通风帕时数均大于1500，自然通风季节各月累计通风帕时数均大于2000，最终确定的建筑平面布局和内部分隔使之具有较好的自然通风能力。

通过对建筑室内自然通风进行分析，首层通风量最小，但由于是大堂以及报告厅等区域，对自然通风需求不大；二~四层的通风量在各风向条件下比较稳定；五层以上的高区，室内自然通风换气次数明显升高，并且受室外风向影响较为明显。统计各层室内换气次数，在不同工况下均可达到 5 次 /h 以上，符合室内人员舒适性需求。

因此，在确定的建筑总平面规划和体形条件下，结合立面风压分析合理布置通风开口，有效构建室内气流通道，使得建筑物各层空间的气流组织流畅，可实现良好的自然通风效果。

2.1.3 建筑表皮的遮阳策略

与建筑其他部分围护结构相比，外窗属于薄壁轻质构件，由于其热工性能相对较差，因此通常被认为是建筑围护结构的薄弱环节。上海处于亚热带地区，全年太阳运行轨迹和辐射特性，加上冬冷夏热的气温特点，建筑设计中兼顾夏季防晒和冬季采光具有非常重要的意义，也是建筑设计中的挑战之一。

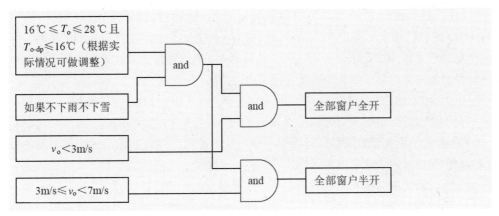

图 2-1-23 自然通风模式下的外窗控制策略

1. 本地区太阳辐射特征

遮阳系统的设计与控制方式与太阳辐射强度和太阳高度角密切相关，而太阳辐射强度不仅与建筑所处的地理位置有关，还与时间、季节相关。建筑所处位置不同，太阳的相对位置就不同，太阳辐射强度也就不同。

太阳的相对位置可通过太阳高度角、太阳方位角、太阳时角等参数来描述。图2-1-24 描述的是上海地区全年太阳的运行轨迹图，从图中可以看出，冬至日时，上海地区太阳的高度角为 35°，夏至日时，高度角变成了 82°，全年太阳高度角的变化给建筑遮阳系统的设计带来了难度。

太阳辐射强度分布具有明显的方向性，而建筑朝向的不同又导致建筑节能措施的差异。因此，为实现较高水平的节能目标，需要了解不同朝向的太阳辐射量分布情况进而制定适宜的遮阳策略。图 2-1-25 显示的是上海地区夏至日，北向、东向、南向、西向和水平朝向的逐时太阳辐射强度分布情况，其值来源于《民用建筑热工设计规范》GB50176—1993。

2. 建筑本体遮阳

综合楼案例中，建筑设计中重点考虑通过利用本体自遮挡实现夏季遮阳效果。主楼逐层向外旋转挑出的"盒子"，给南立面外窗的自遮阳提供了实现的可能性。根据设计方案，采用专业日照分析软件进行了建模，模拟上海地区太阳运行轨迹，并选取春分、夏至、秋分、冬至的典型时刻进行动态观察。

典型日模拟结果如图 2-1-26 所示。

建筑逐层向外旋转挑出的结构（图 2-1-27），给南立面大部分外窗提供了夏季自遮阳，见图 2-1-28。可以看出，夏季正午太阳高度角较大的情况下，主楼的南立面下部楼层受遮挡的幅度较大；在冬季太阳高度角较小的情况下则遮挡较少，阳光能直接进入室内而不影响室内得热。

为了定量研究这种特殊的形体设计对于削减辐射得热的效果，项目组采用 ECOTECT 软件建立了基准建筑模型进行比对（图 2-1-29）。在设定基准模型时，保持各层建筑平面与设计建筑一致，但各立面均为垂直立面形态；设计模型即为实际建筑模型，每层均严格按照建筑图纸设定了扭转角度。

选择上海地区气象参数输入模型，计算空调季（6 月～9 月）和采暖季（11 月～次年 3 月）逐层分析自遮阳对立面夏季累计太阳辐射得热量的影响作用。

夏季累计各立面的太阳辐射得热量模拟结果见图 2-1-30 所示。图中右侧的图标用不同的颜色来表征辐射强度的大小，红色为最大值，蓝色为最小值。从这张图上，一方面可以看出南立面和东西立面在累计辐射量上的差异；另一方面，也可清晰地看出特殊设计的立面形态，确实对降低窗口辐射得热量起到了显著效果。在基准建筑模型中，南立面各层的辐射得热量基本相同，均在 260kWh/m^2 以上；在设计建筑模型中，各楼层则由于上层旋转挑出的结构，产生了不同程度的有效遮阳效果。

通过分成网格统计，得到了各层的精确计算结果，见图 2-1-31 所示。对于三层至五层，由于上层楼板悬挑幅度较大，遮阳效果尤为显著，夏季累计辐射量分别降低了 56.8%、43.4%、36.6%；对于二层外窗，虽然上层楼板未有明显外挑，但由于四层

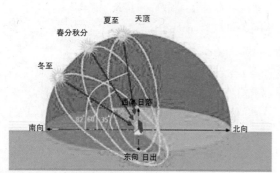

图 2-1-24 上海地区太阳全年运行轨迹图

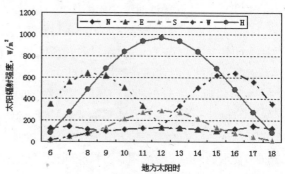

图 2-1-25 上海地区不同朝向太阳辐射强度

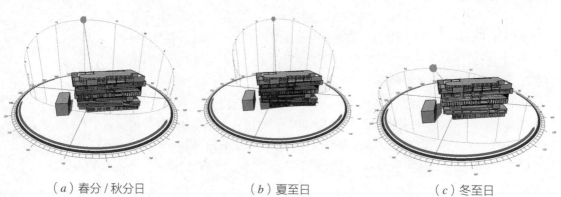

（a）春分 / 秋分日 　　　　（b）夏至日 　　　　（c）冬至日

图 2-1-26 典型日正午时刻太阳高度角变化

图 2-1-27　建筑自遮阳实景

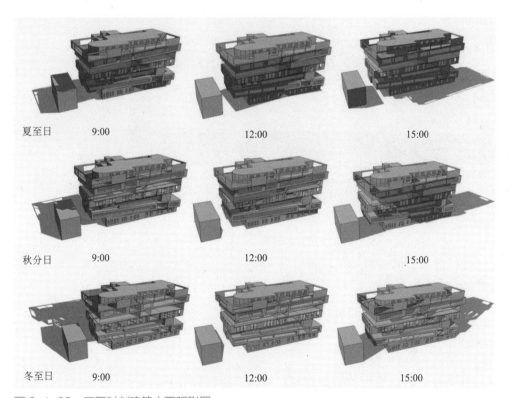

图 2-1-28　不同时刻建筑立面阴影图

至七层整体相对二层均有挑出，故在太阳高度角较高的夏季，仍然可以对二层进行有
效遮挡，降低比例为 22.34%；六层之上只有七层，且七层挑出有限，累计太阳辐射
得热量降低幅度较小，为 13.24%；七层为顶层，没有横向遮阳构件，仅有周边墙柱
的竖向遮挡，在夏季遮阳效果相对一般。

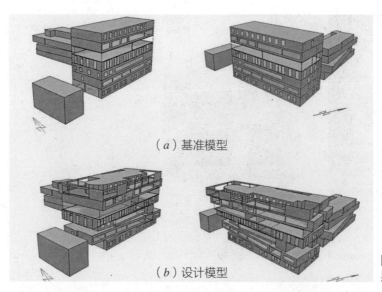

（a）基准模型

（b）设计模型

图 2-1-29　遮阳效果分析模型

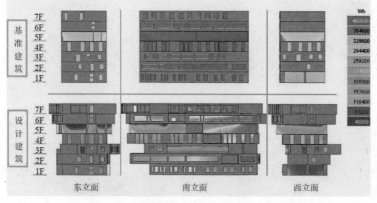

图 2-1-30　夏季各朝向累计太阳辐射得热量模拟分析图

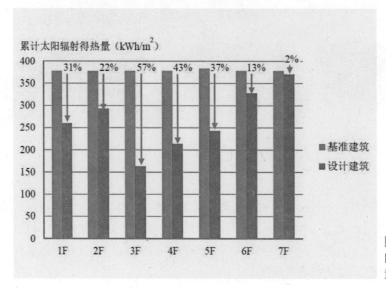

图 2-1-31　夏季南向累计太阳辐射得热量降低比例示意图

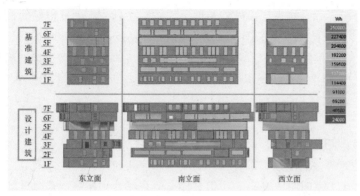

图 2-1-32 冬季各朝向累计太阳辐射得热量模拟分析图

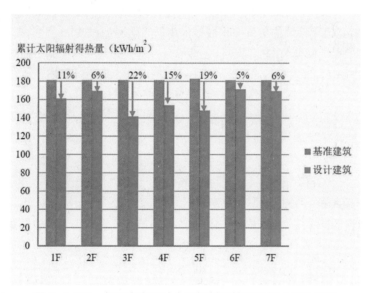

图 2-1-33 冬季南向累计太阳辐射得热量降低比例示意图

图 2-1-32 和图 2-1-33 显示的是冬季的分析结果。从冬季的模拟结果来看，扭转式的结构形式同样会对太阳辐射起到削减的效果，但是考虑到冬季的太阳得热对于空调负荷是正向作用，因此，有必要将夏季和冬季的影响程度进行比对。良好的建筑形体遮阳设计，应该能保证在削减夏季辐射得热的同时，又能最大限度地兼顾冬季室内得热。

对比立面辐射量计算结果，不难发现在夏季和冬季的累计太阳辐射量的情况，可以明显看出建筑的外挑形态设计对于夏天遮阳的贡献更为显著。为了更直观地考察冬夏两个季节的遮阳效应，分别针对各楼层作了定量分析，将设计建筑相比于基准建筑的辐射得热削减量制作成了直方图。可以看到，各楼层南向冬季累计太阳辐射得热量降低比例均远远小于夏季，降低比例均小于 22%，且多数楼层降低比例不高于 15%。这与冬季太阳高度角较低有关。由之前的立面阴影分析也可以看到，冬季随着太阳高度角降低，上层旋转挑出结构对下层的遮挡作用明显减弱。

综上分析，综合楼逐层向外旋转挑出的结构在夏季起到了很好的自遮阳效果，而冬季对太阳辐射的反向削弱作用则较为微弱。通过对太阳高度角的分析，精准设计建筑本体遮阳，可有效降低空调系统的峰值负荷，削减空调机组的装机容量。此外，还有助于改善室内热舒适性，减少不利眩光的产生，为人员提供了绿色、节能、舒适的办公环境。

3. 爬藤植物遮阳

由于场地条件的限制，综合楼首层大堂入口朝向西北。大堂的立面采用玻璃幕墙体系，尽管已经选用了 Low-E 中空玻璃，但在午后太阳高度角降低的时段仍然会有较为强烈的阳光直射。确定门厅的设计方案之后，项目团队采用模拟分析软件对门厅幕墙的夏季辐射得热进行了计算，研究发现，即便考虑到建筑物自身的阴影遮挡作用，夏季投射到门厅幕墙的单位面积辐射得热仍然高达 210kWh/m^2，见图 2-1-34 所示。

可见，如果门厅部位的遮阳设计处理不当，将会导致室内空调负荷的大幅增加，同时也会影响人员的舒适度。因此，对于入口门厅的生态设计策略，也是本项目的设计挑战之一。

由于门厅入口迎向中央绿地，为了在景观效果上体现协同呼应，项目采用了最古老而有效的遮阳策略——绿化遮阳。距离玻璃幕墙约 1m 间距，设置攀爬植物的附着钢架结构。在植物选择方面，特意挑选了上海地区常见的落叶型藤本植物——紫藤，同时可实现非常好的景观效果，如图 2-1-35 ～图 2-1-37 所示。

夏季，植物枝叶繁茂，藤蔓蜿蜒攀附于网架之上，可大幅度降低玻璃幕墙累计太阳辐射得热量，实现良好的隔热降温、改善建筑微环境效果。此外，在不占有土地

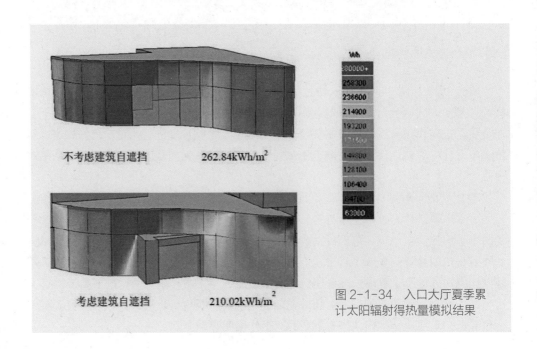

不考虑建筑自遮挡　　262.84kWh/m^2

考虑建筑自遮挡　　210.02kWh/m^2

图 2-1-34　入口大厅夏季累计太阳辐射得热量模拟结果

图 2-1-36　入口大厅
植物遮阳（近景）

图 2-1-35　入口大厅植物遮阳（远景）

图 2-1-37　植物遮阳室内效果

资源的情况下增加了绿化面积，让进入综合楼的人在烈日炎炎的夏日感受到来自大自然的绿意与清爽。

植物的生态效益，一方面体现为对太阳辐射的削减，另一方面，由于其叶片的蒸腾效应，也会进一步降低玻璃幕墙的表面温度，进一步改善其热工性能。

植物的遮阳效果与其枝叶的茂密程度及在网架上的覆盖率有关。植物枝叶越繁茂，覆盖率越高，其对太阳辐射的遮阳越显著，玻璃幕墙累计太阳辐射得热量越低，夏季大厅的环境舒适性也就越高。夏季藤本植物长得郁郁葱葱，可认为被植物覆盖处完全不受太阳辐射影响。

因此，考虑到爬藤植物的覆盖作用后，重新建立了入口大厅遮阳分析模型，见图 2-1-38，并对遮阳效果进行了模拟计算。从图 2-1-39 的计算结果可以看到，在爬藤遮阳作用下，门厅玻璃幕墙上投射的夏季累计太阳辐射得热量发生了显著变化。其中，工况 1 指的是不考虑自遮挡＋不考虑植物，工况 2 指的是考虑自遮挡＋不考虑植物影响，工况 3 指的是同时考虑建筑自遮挡和植物爬藤覆盖的影响，也就是实际设计效果。

可见，建筑自遮挡使得大厅玻璃幕墙夏季累计太阳辐射得热量从 31015.12kWh降低为 24782.36kWh，降低比例为 20%；而藤本植物的种植使得数值从 24782.36kWh降低为 9231.04kWh，降低比例为 62.8%。

综上分析，入口大厅的藤本植物显著降低了玻璃幕墙夏季累计太阳辐射得热量和大厅的室内温度，很好地改善了门厅区域环境的舒适性。

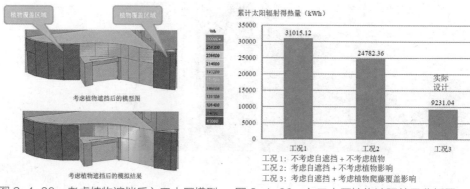

图 2-1-38 考虑植物遮挡后入口大厅模型
图及模拟结果

图 2-1-39 入口大厅植物遮阳效果分析图

4. 双层窗中置遮阳系统

在对建筑物全年各典型日进行自遮阳效果研究的过程中，也发现随着当天太阳高度角的变化，主楼的东立面、西立面和南立面仍然会有一段时间受到较为强烈的太阳直射，见图 2-1-40 和图 2-1-41 所示。

其中，夏季主楼东西立面受到日晒比较明显，尤其是二层、四层、六层和七层在上午有较长时间受到阳光直射（图 2-1-40）；西立面的各层则在下午有较为严重的日晒（图 2-1-41）。因此，需要对东西立面采取适当的措施避免过量日照。

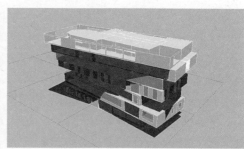

（a）9:00   （b）11:00

图 2-1-40 东立面夏至日阴影分析

（a）14:00   （b）16:00

图 2-1-41 西立面夏至日阴影分析

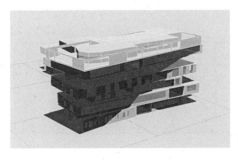

图 2-1-42　南立面夏至日阴影分析（12:00）

南立面同样如此，全天中会有一段时间不在建筑自身投影范围之内，如图 2-1-42 所示。在夏季较为炎热的情况下，需要对这部分采取适当的遮阳。

为了实现综合楼建筑综合节能 60% 的目标，项目组对多种外窗形式进行了综合比选，共考虑了 7 种可能的外窗选型方案，见表 2-1-2 所列。

外窗选型方案　　　　　　　　　　　　　　　　　　表 2-1-2

工况	参数设置
1	全部 LOW-E 玻璃，K2.5，SC0.3
2	全部断热铝合金中空玻璃，K3.3，SC0.83
3	南向断热铝合金中空，K3.3，SC0.83，其他 LOW-E，K2.5，SC0.64
4	南向断热铝合金中空，K3.3，SC0.75，其他 LOW-E，K2.5，SC0.5
5	南向断热铝合金中空，K3.3，SC0.75，其他 LOW-E，K2.5，SC0.4
6	南向断热铝合金中空，K3.3，SC0.75，部分南向与其他 LOW-E，K2.5，SC0.5
7	部分南向断热铝合金中空，K3.3，SC0.75，东西向与南向部分 LOW-E，K2.5，SC0.3，北向 LOW-E，K2.5，SC0.5

其中方案 1 是各朝向均采用 Low-E 中空铝合金断热玻璃窗，可实现既定节能目标；其余方案则需要在南向采用双层窗中置活动遮阳系统，但可以减少 Low-E 玻璃的使用范围。项目组应用 DeST 负荷分析软件，对七种方案对应的全年空调采暖负荷和能耗进行了分析，结果见图 2-1-43 和图 2-1-44。

从图中可知，影响建筑综合能耗的因素为建筑外窗的传热系数和遮阳系数。分析结果显示，传热系数降低对节约冬季采暖能耗效果明显，但对夏季空调能耗可能带来不利；而遮阳系数降低对节约夏季空调能耗效果明显，但对冬季采暖能耗可能带来不利。从图 2-1-44 中的结果可知，该建筑全年采暖空调能耗中占主要的部分为空调能耗，因此降低空调能耗成为该建筑节能的重点，即加强遮阳对于该建筑是有利的。

从七种方案的研究结果来看，建筑一体化的活动遮阳设计，可以降低 Low-E 玻

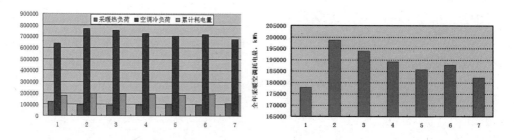

图 2-1-43 不同工况下建筑全年能耗情况　图 2-1-44 不同工况下建筑采暖空调全年耗电量

璃的使用范围，同时可满足原定的建筑节能 60% 的设计目标。基于上述研究成果，综合楼项目针对上海地区的气候特征，在有效控制窗墙比的基础上，提出了双层窗中置遮阳系统的构造理念，并应用于了工程实施中。

双层窗是相对单层窗而言的，其由内外两层窗构成，如图 2-1-45 所示。两层窗中间可安装遮阳系统，由于内外窗都可以根据需要打开或关闭，因此窗户总体的传热系数、遮阳系数和气密性可有效控制，从而具有真正的气候适应功能，实现有效节能目标。不同季节下的控制策略见图 2-1-46。

双层窗安装完成的实景效果见图 2-1-47。通过采用双层窗构造，实现将外窗传热系数降低到 2.5 W/（$m^2 \cdot K$），遮阳系数降低到 0.35 以下。

"双层窗"主要有以下优点：

（1）良好的控温功能。冬季：$T_{外} < T_{内}$，需要供暖时，双层窗可有效利用太阳能，降低室内外温差，实现有效节能；过渡季：$T_{外} < T_{内}$时，可开启窗户，实现有效自然通风；夏季：白天 $T_{外} > T_{内}$，可开启外侧窗户并打开遮阳，实现外遮阳作用，有效控制太阳辐射；晚上 $T_{外}$ 在舒适范围内且 $< T_{内}$，可开启窗户，充分利用自然能源，实现降温，当不在舒适范围内时，关闭窗户，可有效减少冷量需求。

（2）具有良好的气密性。与单层窗相比，其气密性等级相对较高，因此具有较好的节能优势。

（3）实现热工性能参数的可调节性。双层窗可通过内外窗户及遮阳帘的开启与关闭，实现传热系数、遮阳系数和气密性可调，以满足不同季节不同室内环境的功能需求。

2.1.4 围护结构保温隔热

上海地处我国建筑气候区划中的第 Ⅲ 建筑气候区（即夏热冬冷地区），气候夏季闷热、冬季湿冷，这要求建筑围护结构应有良好的隔热和保温性能，即具有良好的气候适应性。根据上海地区建筑能耗的影响分析结果，建筑冬季采暖能耗主要受外窗、外墙和空气渗透的影响最大，夏季空调能耗则主要受外窗、外墙和屋面的影响最大。

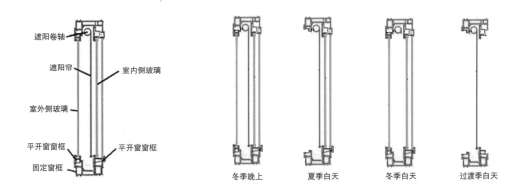

图 2-1-45　双层窗构造示意图　　　　图 2-1-46　双层窗不同季节运行控制模式

图 2-1-47　双层窗实景

因此，本项目围护结构节能的重点在于设计出适合上海地区气候特征的外墙、外窗和屋面节能体系。

1. 围护结构热工参数

根据建筑综合节能 60% 的目标，确定围护结构各部分的技术指标：外墙平均传热系数为 $0.7W/（m^2·K）$、屋面平均传热系数为 $0.5W/（m^2·K）$、外窗传热系数为 $2.5W/（m^2·K）$、综合遮阳系数 0.35，具体围护结构节能体系为：外墙节能构造（从外到内）：隔热涂料 + 无机保温砂浆 30+ 混凝土砌块 200+XPS30+ 粉刷砂浆 20。外窗：双层窗（从外到内）：普通铝合金单层窗 + 遮阳 + 空气层 100+ 普通断热铝合金中空窗。其他窗：低辐射断热铝合金中空窗 + 内遮阳。

屋面构造根据项目需求，主要包括了三种屋面节能体系：上人屋面节能体系、不上人屋面节能体系和种植屋面节能体系，采用 XPS 作为保温材料并外涂隔热反射涂料，实现最低传热系数 $0.5W/（m^2·K）$。三种屋面的具体构造分别如图 2-1-48 ～图 2-1-50 所示。

其中，种植屋面节能体系具有相对明显的特征。首先，种植物面是以绿色植物为主要覆盖物，可解决城市市容美化问题；其次种植屋面具有良好的气候调节性能，可有效提高建筑总体节能效果；再者其不但可有效改善微气候环境，净化空气，还具有一定的固碳作用，可将建筑对环境的影响降到最低。

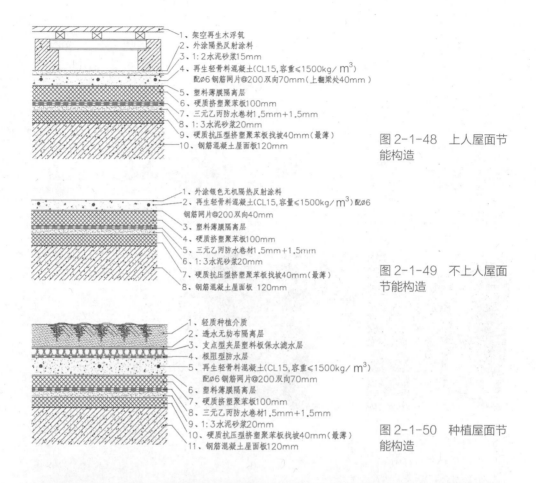

1、架空再生木浮筑
2、外涂隔热反射涂料
3、1:2水泥砂浆15mm
4、再生轻骨料混凝土(CL15,容重≤1500kg/m³)
　　配ø6钢筋网片@200双向70mm(上翻梁处40mm)
5、塑料薄膜隔离层
6、硬质挤塑型聚苯板100mm
7、三元乙丙防水卷材1.5mm+1.5mm
8、1:3水泥砂浆20mm
9、硬质抗压型挤塑型聚苯板找坡40mm(最薄)
10、钢筋混凝土屋面板120mm

图 2-1-48　上人屋面节能构造

1、外涂银色无机隔热反射涂料
2、再生轻骨料混凝土(CL15,容量≤1500kg/m³)配ø6
　　钢筋网片@200双向40mm
3、塑料薄膜隔离层
4、硬质挤塑型聚苯板100mm
5、三元乙丙防水卷材1.5mm+1.5mm
6、1:3水泥砂浆20mm
7、硬质抗压型挤塑型聚苯板找坡40mm(最薄)
8、钢筋混凝土屋面板120mm

图 2-1-49　不上人屋面节能构造

1、轻质种植介质
2、透水无纺布隔离层
3、支点型夹层塑料板保水滤水层
4、根阻型防水层
5、再生轻骨料混凝土(CL15,容重≤1500kg/m³)
　　配ø6钢筋网片@200双向70mm
6、塑料薄膜隔离层
7、硬质挤塑型聚苯板100mm
8、三元乙丙防水卷材1.5mm+1.5mm
9、1:3水泥砂浆20mm
10、硬质抗压型挤塑型聚苯板找坡40mm(最薄)
11、钢筋混凝土屋面板120mm

图 2-1-50　种植屋面节能构造

图 2-1-51　屋顶构造实景

2. 建筑节能效果分析

　　建筑设计时根据《公共建筑节能设计标准》GB50189—2005 和《绿色建筑评价标准》GB50376—2006 标准要求，采用 DeST 能耗软件对建筑物全年 8760h 的能耗进行了计算。其中，参照建筑的围护结构参数满足建筑节能标准的限值要求；设计建筑的参数设置和施工图一致，外墙、屋面及外窗构造详见表 2-1-3 ～表 2-1-5。

建筑物综合节能目标的实现，除了考虑围护结构的贡献之外，还必须分析空调采暖系统以及照明系统的节能效果。因此，在建立建筑综合能耗模型时，空调系统和照明系统的设置也十分重要。表 2-1-6 ～表 2-1-8 分别是本项目空调和照明系统的设置参数，其具体设计策略将在 2.3 "高效机电系统"中进行详细阐述。

全年建筑能耗的计算结果见表 2-1-9。

从计算结果可以看到，相比于参考建筑，实际建筑的全年空调能耗降低了21.6%，全年采暖能耗降低了 40%，全年照明能耗降低了 14.6%。参照建筑全年综合能耗 434.2MJ/m²，设计建筑全年综合能耗 331MJ/m²，比参照建筑削减了 23.8%。

外墙保温构造   表 2-1-3

材料名称	厚度 mm	导热系数 W/(mK)	畜热系数 W/(m²K)	热阻 (m²K)/W	热惰性指标 $D=R \cdot S$
无机保温材料	30	0.075	2.650	0.400	1.060
加气混凝土砌块墙	240	0.180	2.730	1.333	3.640
水泥砂浆	20	0.930	11.370	0.022	0.245
XPS	30	0.033	0.350	0.909	0.318
各层之和	—	—	—	ΣR=2.66	ΣD=5.26
传热系数 K=1（0.11+ΣR+0.04）W/（m²K）	0.36				

屋面保温构造   表 2-1-4

材料名称	厚度 mm	导热系数 W/(mK)	畜热系数 W/(m²K)	热阻 (m²K)/W	热惰性指标 $D=R \cdot S$
细石混凝土	40	1.510	15.360	0.026	0.407
XPS	50	0.033	0.350	1.515	0.530
水泥砂浆	20	0.930	11.370	0.022	0.245
轻质混凝土	80	0.890	11.100	0.090	0.998
钢筋混凝土	120	1.740	17.200	0.069	1.186
各层之和	—		—	ΣR=1.72	ΣD=3.37
传热系数 K=1/(0.11+ΣR+0.04)	0.53				
标准要求 W/(m²K)	$K \leqslant 0.70$				
是否符合标准要求	符合				
765 号文要求	屋里的传热系数 $K \leqslant 0.7$W/(m²K)				
是否符合 765 号文要求	符合				

外窗主要参数 表 2-1-5

朝向		南向	北向	东向	西向
外窗及玻璃幕墙传热系数 W/(m²·K)		2.5	2.5	2.5	2.5
玻璃遮阳系数		0.35	0.35	0.35	0.35
外窗及玻璃幕墙气密性		4 级	4 级	4 级	4 级
窗墙比		0.35	0.33	0.27	0.25
标准要求	玻璃遮阳系数	$SC \leq 0.50$	$SC \leq 0.60$	$SC \leq 0.55$	$SC \leq 0.55$
	窗墙比	0.3 <窗墙面积比≤0.4	0.3 <窗墙面积比≤0.4	0.2 <窗墙面积比≤0.3	0.2 <窗墙面积比≤0.3
	传热系数 W/(m²·K)	$K \leq 3.0$	$K \leq 3.0$	$K \leq 3.5$	$K \leq 3.5$
是否符合标准要求		符合	符合	符合	符合
765 号文要求		当窗墙面积比大于 0.4 时，外窗的传热系数 $K \leq 3.0W/(M^2 \cdot K)$，遮阳系数 $SC \leq 0.50$			
是否符合 765 号要求		符合	符合	符合	符合

夏季空调系统设置 表 2-1-6

系统类型	新风处理机组	水源热泵空调机组
系统容量	98kW×2；118kW×6	23.5kW×2；33.5kW×2；41kW×3；47kW
系统效率	4.7	4.8
标准要求	4.1	
是否符合标准要求	符合	

冬季采暖系统设置 表 2-1-7

系统类型	新风处理机组	水源热泵空调机组
系统容量	64kW×2；77kW×6	24kW×2；35kW×2；40kW×3；48kW
系统效率	3.1	4.9
标准要求	0.89	
是否符合标准要求	符合	

照明系统参数设置 表 2-1-8

房间类型		办公室	会议室	门厅
照明功率，W/m²	实际建筑	满足《建筑照明设计标准》GB50034—2013 目标值		
	标准建筑	满足《建筑照明设计标准》GB50034—2013 现行值		

| 建筑能耗计算结果 | | 表 2-1-9 |

建筑分项能耗	实际建筑	参照建筑
全年采暖能耗，MJ/m²	68.5	114.2
全年空调能耗，MJ/m²	121.7	155.2
全年照明能耗，MJ/m²	140.8	164.8
全年综合能耗，MJ/m²	331.0	434.2
能耗比例，%	—	76.2%

2.1.5 建筑自然采光

　　光是人居环境的重要元素，而天然光作为一种无污染的绿色能源，具有人工照明所难以实现的优点：它可以使人们感受太阳和天空形成的微妙变化，减轻季节性情感错乱和慢性疲劳；它也可以使建筑物富有光影变化，使空间变得更加趣味和人性化。除此以外，在建筑中合理采用天然光，使其与人工照明系统搭配得宜，可以减少人工照明的需要量，从而减少传统照明能耗，达到节能环保的效果。将天然光作为建筑的要素之一，设计中对其进行充分考虑，是营造良好的室内环境，创造可持续建筑的重要内容。

1. 天然采光的意义

　　天然光通常分为两大部分：太阳直射光及天空扩射光。一部分太阳光透过大气层射到地面，为太阳直射光。直射光照度大，具有方向性，会在被照物体后形成明显的阴影；另一部分太阳光经过大气层上空气分子、灰尘、水蒸气微粒等多次反射，在天空形成的具有一定亮度的天然光源，称为天空扩散光，也称为天空光。天空光照度较低，无一定方向，不能形成阴影。在建筑设计中运用天然光，需要根据直射光、天空光的不同特点，以及建筑的自身需求，进行综合考虑。例如，由于直射光通常会对建筑带来大量的热量，在夏季会给建筑带来较大的空调负荷，不利于建筑节能；当阳光是高亮度直射的时候，容易产生眩光，反而会降低室内光环境质量。因此，要使建筑获得良好的天然采光，需要考虑建筑不同功能空间的需求、当地地理气候特征、建筑表现需要等多方面因素，合理适当采用天然采光技术应用。

　　天然采光技术就是采用技术手段，对天然光线进行调节、过滤和控制的过程；而天然采光的效果，往往与建筑物的形式、体量、材质以及采光辅助性系统密切相关。一般而言，建筑采光方法可以分为被动式采光和主动式采光。

被动式采光: 指利用不同类型的建筑采光口进行采光的方法。通常包括利用侧窗、天窗、采光带、采光罩等等，采光质量、特点及照度主要取决于建筑物体型、平立面布局、门窗及结构等的相互作用。此外，被动式采光与室内外百叶、遮阳板和人工照明控制等多种技术手段集成运用，与建筑设计融合，可以实现改善天然采光的效果。

主动式采光: 指利用主动式采光装置来对光线进行收集、分配和控制，将天然光传送到需要照明的建筑空间。目前常见的主动式导光技术包括导光管系统、自然光反射装置、光纤等。在地下室或者建筑进深大的情况下，被动式天然采光方法往往无法满足采光需求，而采用导光管等主动式导光技术，可以将光线传输到相对较远的地方，并通过出光口的分布的设计，达到采光均匀的效果。

2. 建筑室内采光设计

莘庄综合楼的主楼和附楼均为条状体块，进深较小，为自然光的利用提供了有利条件。通过采用采光专业软件进行模拟分析，对室内采光环境进行了设计优化。采光优化的目标包括采光系数和采光质量，其中采光系数是指在全阴天时室内某一点的天然光照度与室外露天无遮挡处的水平面照度之比，采光系数值越大，采光效果越好；采光质量不仅取决于被识别对象的表面照度，而且还取决于投射在物体表面的光的方向性，识别对象与背景的亮度对比，视野内有无眩光等。

（1）各层采光模拟分析

由于办公楼各层立面风格不一样，采光口数量和大小不一，因此每一层的采光情况均不一样，需要对每一层都单独进行采光模拟分析。采用 ECOTECT v5.20 软件进行了光学建模，建立的模型如图 2-1-54 所示，各层采光分析结果如图 2-1-55 所示。

图 2-1-52　德国某艺术馆多样化的被动式采光方式　　图 2-1-53　导光管采光原理及照明效果

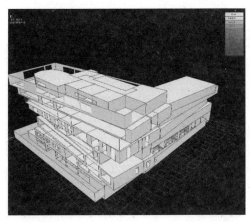

图 2-1-54　采光分析模型

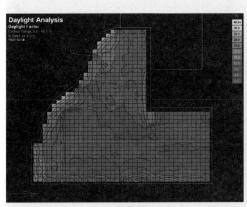

一层平面

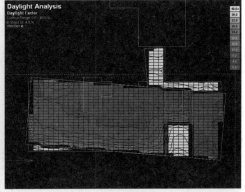

二层平面

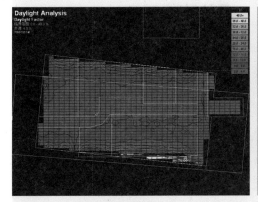

三层平面

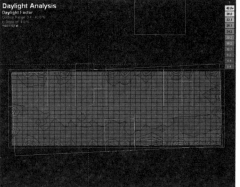

四层平面

图 2-1-55　典型层室内采光模拟结果一

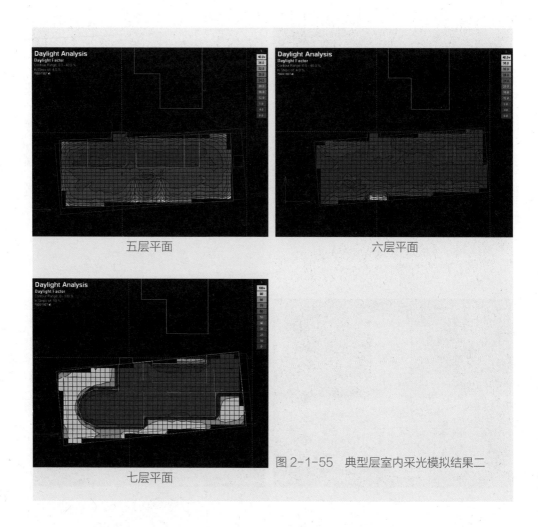

五层平面

六层平面

图 2-1-55　典型层室内采光模拟结果二

七层平面

对各层的模拟分析结果进行统计，可以得到表 2-1-10。

自然采光条件下各层采光系数计算结果　　　　　　　　　　表 2-1-10

楼层	满足采光要求面积 /m²	总面积 /m²	满足采光要求面积比例 /%
一层	193.8	220.8	87.75%
二层	356.4	420.6	84.73%
三层	247.5	320.3	77.26%
四层	486.9	524.9	92.76%
五层	501.3	506.3	99.02%
六层	504.4	576.9	87.43%

续表

楼层	满足采光要求面积 /m²	总面积 /m²	满足采光要求面积比例 /%
七层	244.4	265.8	91.94%
附楼一层	189.1	446.9	42.31%
附楼二层	475.8	481.9	98.74%
附楼三层	257.8	533.7	48.31%
附楼四层	181.7	195.4	93.00%
地下室	222.7	435.8	51.10%
总计	3861.7	4929.3	78.34%

　　从模拟结果中可看到，各层天然采光情况整体良好。本项目中室内采光系数值满足规范要求值的主要功能区面积为 3861.7m²，而本项目的主要功能区域总面积为 4929.3m²，故满足规范要求值的面积占总面积的 78.34%。

　　（2）反光吸声复合板

　　根据各层平面采光系数的分布，二层、三层、五层和六层靠窗位置可能会有眩光（图 2-1-56）。考虑利用反光构件降低临窗处的照度，提高室内进深较大处的采光，从而改善采光均匀度（图 2-1-57）。

　　反光板通常采用反射率较高的材料，其反射效果主要由吊顶材料的反射率、反光板宽度及高度、反射率等多种因素决定。为了充分发挥反光板的作用，项目组运用模拟手段，对吊顶材料、反光板的宽度、高度等进行了一系列比较分析，从而为反光板的具体实施提供相关建议。

　　因素之一：不同吊顶反射率。

　　分别在混凝土和白色涂料两种材质情况下，比较了室内工作面（0.8m 处）照度分布。其中混凝土的反射率为 0.15，白色涂料的反射率为 0.75。分析结果如图 2-1-58。

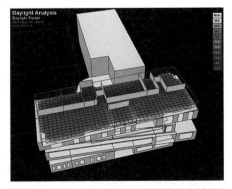

图 2-1-56　五层平面采光系数分布情况

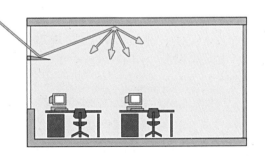

图 2-1-57　反光板示意图

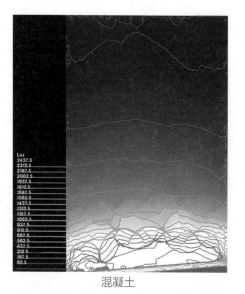
混凝土

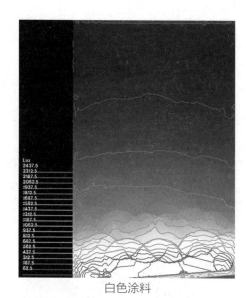
白色涂料

图 2-1-58　不同吊顶材质影响下的室内采光系数分布

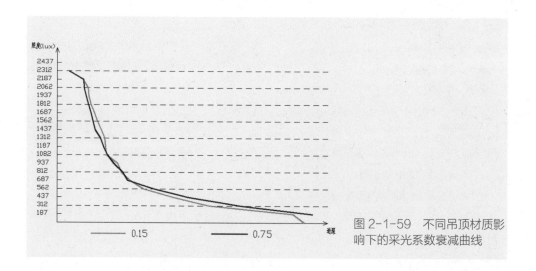

图 2-1-59　不同吊顶材质影响下的采光系数衰减曲线

　　由图 2-1-59 可看出，使用反光板时，若吊顶使用白色涂料，房间内部的照度较混凝土材质有所提升，而靠窗处的照度稍有降低，房间内的照明均匀度有所提升。

　　因素之二：不同反光板宽度的比较。

　　当反光板选用不同宽度时，在全阴天条件下室内工作平面（0.8m 处）照度的分布如图 2-1-60 所示。

　　由图 2-1-61 可看出，反光板宽度为 0.6～0.9m 左右时改善效果最为明显。

　　因素之三：不同安装高度比较。

　　反光板安装于不同高度时，在全阴天条件下室内工作平面（高 0.8m 处）照度的分布如图 2-1-62 所示。

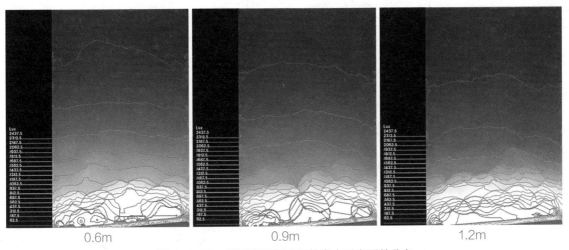

0.6m　　　　　0.9m　　　　　1.2m

图 2-1-60　不同宽度影响下的室内采光系数分布

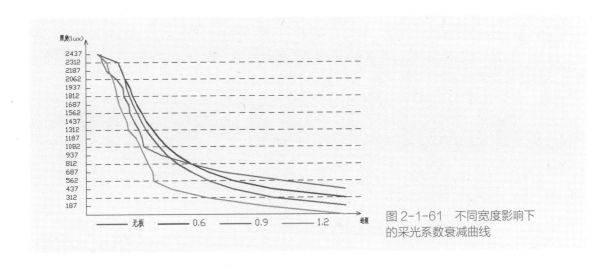

图 2-1-61　不同宽度影响下的采光系数衰减曲线

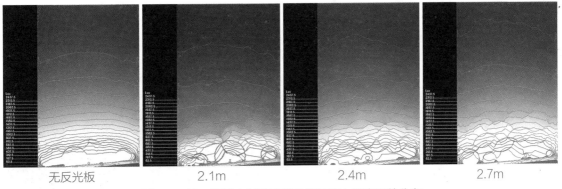

无反光板　　　　2.1m　　　　2.4m　　　　2.7m

图 2-1-62　不同安装高度影响下的室内采光系数分布

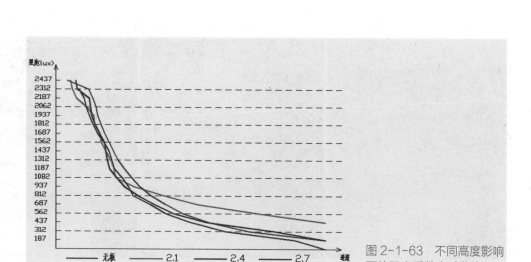

图 2-1-63　不同高度影响下的采光系数衰减曲线

　　由图 2-1-63 可看出，安装反光板后，阴天情况下，近窗处照度有所下降，进深较大处照度有所提升，室内采光照度均匀度有提升。在 2.1m 以上范围内，反光板越低，其改善均匀度效果越明显。建议安装高度为 2.1 ～ 2.4m 左右。

　　基于上述分析，综合楼项目选取五层会议室安装反光构件，降低临窗处的照度，提高室内进深较大处的采光，从而改善采光均匀度。反光板与吸声材料结合，形成吸声反光复合板，可同时改善会议室的声环境，构造方式如图 2-1-64，安装实景见图 2-1-65。

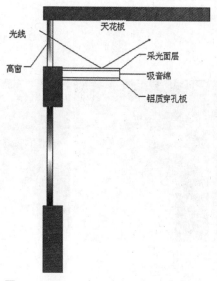

图 2-1-64　反光吸声复合板构造说明　　图 2-1-65　反光吸声复合板安装实景

2.1.6　栖息地的保持和恢复

综合楼的开发场地边界内包括基地原有的中央绿地，如何保护和恢复这片生物栖息地，同时最大程度实现建设工程的生态补偿，也成为规划设计中必须考量和平衡的重点。

1. 中央绿地的保持

设计师考虑到园区交通流线，将新建综合楼地下车库的车行坡道设置在原中央花园的东侧。伴随着地下开挖工程，在坡道一侧设计了下沉式边庭用以改善停车区域的天然采光效果。坡道西侧则与原中央花园相连接，实现了绿地的保持和生态恢复（图 2-1-66）。

以往的室外环境绿化设计往往强调绿化率，绿化植物种类偏少，植物群落结构薄弱、层次偏少，层间植物应用较少，过多采用草坪绿化，重景观轻生态效益。本项目在中央绿地的建设中，运用园林设计手法和生态原理相结合的方法，研究可持续发展的室外绿化配置技术。选择以乔木、灌木、地被组成多层次良好结构的植物群落进行室外绿化，充分利用土地、空间及自然资源，使室外绿化的生态效益和观赏性得到较好发挥，促进自然生态的良性循环，丰富物种与美化建筑景观，为提高人居环境质量创造有利条件。

用于室外绿化的植物，首先根据绿化环境条件和植物的自身特性选择相应植物，同时考虑筛选植物的生态功能以及景观效果。绿化植物筛选的原则包括：① 无飞絮、少花粉、无毒、无刺激性气味；② 耐干旱、耐瘠薄土壤、粗放管理的乡土树种；③ 耐水湿和耐盐碱；④ 固碳放氧、降温增湿；⑤滞尘、杀菌保健；⑥ 吸收 SO_2、Cl_2、NOx、HF、Pb 能力强；⑦观赏性好。

本项目筛选的适合上海地区生态建筑室外绿化的植物，如下所列：

① 乔木：悬铃木、合欢、栾树、三角枫、白玉兰、喜树、鸡爪槭、垂丝海棠、广玉兰、

图 2-1-66　中央花园的保护和恢复

香樟、棕榈、日本辛夷、八角枫、紫椴、女贞、大叶榉、紫薇、刺槐、重阳木、丁香、红楠、天竺桂、赤桜、白蜡、丝棉木等。

②灌木：八角金盘，熊掌木、夹竹桃、栀子花，珍珠梅、含笑、石榴、木槿、八仙花、海桐、红千层、金钟花、小叶女贞、金叶女贞、刺桂、桃叶珊瑚、大叶黄杨、月季、南天竹、红花继木等。

③地被：美人蕉、紫苏、美女樱、虾夷葱、晚香玉、羊齿天门冬、铃兰、黄金菊、大花金鸡菊、花叶大吴风草、鸢尾类、常夏石竹、丛生福禄考、铺地百里香、花叶薄荷、火星花等。

2. 屋顶绿化

屋顶绿化是以绿色植物为主要覆盖物，配以植物生存所需的营养土层、蓄水层以及屋面所需的植物根系阻拦层、排水层、防水层等共同组成。从景观角度看，屋顶作为建筑的第五立面，是城市建设与美化过程中不可忽视的环节。屋顶绿化作为一种不占用地面土地的绿化形式，其生态效应也非常广泛，包括五个方面：

（1）**降水缓排及储水功能**。城市建筑林立，提供给人们户外活动的开敞空间多为硬铺地，雨水无法被土壤所涵养、储存，必须急速地由下水道排放流走；若遇到排水系统受阻的情况，则会造成一雨成灾，不雨成旱之患。屋顶绿化具有降水缓排和涵养水土的功能。资料表明落在绿化屋顶的雨水，仅 10%～30% 排出屋面，70%～90% 存留在屋面上，可实现节约水资源的目的，同时在暴雨来临之际，能有效地缓解城市排水系统的压力，为城市安全提供保障。

（2）**保温效果**。屋顶绿化可改善住宅的室内气温，绿化屋面的隔热节能效果明显，有利节能。据测算，有绿化的屋面温度可下降 3～5℃，室内空调可节电 20%，随覆土厚度增加，降温效果越好。

（3）**增加空气湿度**。绿色植物的蒸腾作用和土壤的蒸发使绿化屋面的水蒸气含量增加，致使绿化屋面空气绝对湿度增加。加上绿化后其温度有所降低，其相对湿度增加更明显。

（4）**净化空气、降低噪音**。植物通过光合作用吸收 CO_2 释放 O_2，达到净化空气的目的。除此之外，有些植物还能吸收、分解 NOx、SO_2 等有害气体和滞留灰尘微粒等。据估算，如果大城市 1% 的建筑物设置屋顶花园，则城市大气中 CO_2 和硫化物可减少一半。一个城市如果把屋顶都加以利用进行绿化，那么这个城市中的 CO_2 较之没有绿化前要少 85%。因植物层对声波具有吸收作用，绿化屋顶可减低噪声，对改善和保护城市环境大有益处。绿化屋顶与光屋顶相比，可减低噪声 20～30dB。屋顶土层 12cm 厚时隔音大约 40dB，20cm 厚时隔音大约为 46dB。

（5）**保护屋顶、建筑物**。由于夏冬温差大和干燥收缩产生屋面板体积的变化，可使屋面丧失防水功能。屋面在紫外线的照射下，随着时间增加，引起沥青等防水密封材料老化。而屋顶绿化使屋面和大气隔离开来，屋面内外表面的温度波动小，减小由于温度应力而产生裂缝的可能性；隔阻空气，使屋面不直接受太阳光的直射，延长各种密封材料的老化，增加屋面的使用寿命。

　　鉴于屋顶环境的特殊性及考虑养护的简便性，项目采用了景天类屋顶绿化、容器类绿化等形式。景天类屋顶绿化即是采用景天类植物进行绿化布置，由于景天类植物具有较强的耐旱、耐湿热以及抗性强的特点，因此不需要特殊的灌溉设施即可维持较好的景观效果。且这种绿化形式整体高度不超过 15cm，重量不超过 $200kg/m^2$，具有重量轻、养护管理粗放的优势，同时，通过景天类植物丰富的颜色变化能形成非常自然亲切的屋顶景观，让人们有接近自然的感觉。选择的景天类植物种类有：佛甲草、花叶垂盆草、反曲景天、堪察加景天等。

　　本项目主楼六层屋面、附楼四层屋面的可绿化区域均采用了佛甲草轻型种植屋面（图 2-1-67），各层的休憩区域采用了移动绿化。这些绿化方式具有地面绿化一样的美化环境、净化空气、降低噪音、减少环境污染、提高城市排蓄水功能和缓解热岛效应等作用。屋顶绿化面积占屋顶可绿化总面积的比例大于 30%。

2.1.7　雨水收集与利用

　　园区在 2004 年建成中水回用站，收集生态楼和综合楼污水，处理后用于水景补水、楼宇冲厕和室外杂用水。随着园区的扩大和整体节水规划的实施，原有中水系统已不能满足整个园区用水需求。因此 2013 年 5 月开始着手将原有中水回用系统进行优化改造。

1. 系统优化改造

　　雨水收集利用系统基本流程如图 2-1-68 所示，收集整个园区雨水至雨水蓄水池，经过处理系统处理后送入清水池，供园区绿化、生态楼和综合楼冲厕，以及为未来发展预留。原生态楼旁边水池改造为封闭的雨水蓄水池和清水池，上覆绿植景观（图 2-1-69）。雨水蓄水池容量为 $150m^3$，处理后的雨水用于园区绿化浇洒、生态楼和综合楼冲厕。将原有中水设备拆除后，利用原有机房新建一套雨水收集回用系统，处理量为 5t/h。

图 2-1-67　屋顶绿化实景

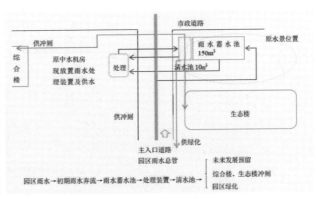

图 2-1-68　雨水处理系统流程示意图

雨水收集管道后自流进入雨水蓄水池，由设于地下设备间的雨水回用处理系统进行处理，处理后出水水质达到《城市污水再生利用景观环境用水水质标准》GB/T18921—2002 和《地表水环境质量标准》GB3838—2002 中 IV 类地表水的主要水质标准。经处理后出水储存于清水蓄存池和水景池内，可供浇灌绿地绿化等杂用。循环净化是指对清水池和水景池内蓄存一段时间后被污染的水体，重新送回设于地下的雨水回用处理系统进行处理，同样经处理后出水水质达到 GB/T18921—2002 和 GB3838—2002 中 IV 类地表水的主要水质标准。

整个雨水回用处理系统采用现场 PLC（下位机）控制与远距离控制中心计算机（上位机）监控等组成的两级结构，经济有效地实现雨水收集处理回用为浇灌绿地绿化用水流程的高层次全自动控制与监管以及无线报警。雨水回用处理系统示意图，如图 2-1-70 所示。

本工程采用的"生物浅层气浮处理"工艺的主要特点如下：

（1）脱氮除磷和去除悬浮物效果好，并兼具生化法处理有机污染物优点，出水

图 2-1-69 改造前和改造后景观

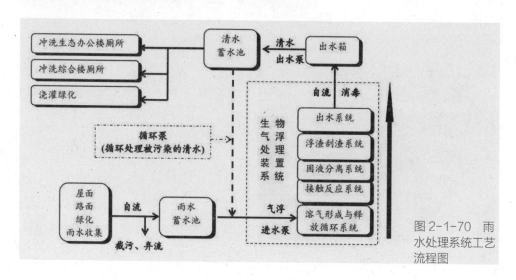

图 2-1-70 雨水处理系统工艺流程图

水质优于《城市污水再生利用城市杂用水水质》GB/T18920—2002 和《地表水环境质量标准》GB43838—2002 中 IV 类地表水的主要水质标准；

（2）处理装置占地小、布置灵活；

（3）智能全自动现场与远程控制与监管运行，维护管理方便，运行费用低。

上海地区年降雨量 1164.5mm，年降雨天数 93.7 天，根据汇水面积计算园区理论可收集的雨水量，见表 2-1-11。

雨水年可收集量计算表

表 2-1-11

		汇水面积 m^2	径流系数	年可收集量 m^3/a
1	绿化屋面	600	0.3	161
2	屋面	6183	0.9	4536
3	硬质地面	10665	0.9	4642
4	绿地	5992	0.15	789
	总计			23441

综合楼项目采用非传统水源给水的用水点包括室内冲厕、道路浇洒及绿化浇灌，设计年用水量共计 2405m³。可采用非传统水源的用水量占项目年用水总量的比例为 50.0%。

2. 节水灌溉系统

园区地面绿化面积约 6450m²，绿化率高达 34%。绿化植物主要以小面积草坪、地被和乔木、灌木组合。

灌溉系统水源采用园区内雨水回收利用，系统包括变频水泵和自动反冲洗过滤系统等，控制系统由中央控制器、程序分控器及电磁阀组成，管网采用专用耐压及不小于 1.0MPa 的 U-PVC 管网输水系统，灌水设备选用地埋自动伸缩喷头。

所有喷头地埋，喷头安装在专用千秋架上，喷头表面同种植层表面一平或稍低于种植层，不影响外在绿化景观，千秋架各个方向可以调节，当将新建土方有沉降或者需要提升时，可以不用增加管道，直接对喷头进行调整。

根据地块面积大小，主要采用三种型号的地埋式喷头，工作时弹出地面进行灌溉作业，工作完毕缩回地面以下，不影响景观及绿化养护作业、剪草等。

类型 A：旋转喷头 5004，喷射半径 10 ~ 15m，工作压力 2.5 ~ 5.0kg/cm²。弹出高度 10mm，角度 30 ~ 360° 可调，射程可缩短 25%。类型 B: 散射喷头 1806 系列喷头，工作压力 2.5 ~ 4.0kg/cm²，射程半径 2 ~ 5m，角度 0 ~ 360° 可调，用于小地块区域。类型 C：射线旋转喷头，工作压力 2.5 ~ 4.0kg/cm²，射程半径 6 ~ 10m，水型弧度线状喷洒，水型优美，应用在入口区域的草坪区，景观效果明显。

在每个电磁阀控制区域低点安装一个自动泄水阀，外用 VB708 阀门箱保护，每次喷洒作业完毕，自动泄掉管道中存水，避免冬季低温造成管道的冻裂，保护整个灌溉系统（图 2-1-71 ~ 图 2-1-74）。

图 2-1-71　喷灌头安装示意

图 2-1-72　地埋式喷头类型（左起 A、B、C）

图 2-1-73　园区自动灌溉系统平面布置

图 2-1-74 园区自动灌溉实景

2.2 紧凑空间利用——集约与资源共享

2.2.1 地下空间开发

1. 地下空间功能规划

上海建科院莘庄科技园区在一期建设中并未考虑地下空间的开发，各研发楼和实验楼采用分散式布置的形态，园区缺乏集中的停车空间和信息机房。

在综合楼的规划设计中，其中的重点就是将建筑空间从地上向地下延伸，将原中央花园的东侧三分之一区域以及综合楼建筑基地对应的地下区域进行开发，形成约3000m² 的地下一层空间，用以设置员工停车库、冷热源机房和信息机房等（图 2-2-1）。

地下室设计的另一个亮点是对于车库坡道下方空间的高效利用（图 2-2-2）。通过对净高的控制，将坡道下方空间利用为地埋管系统的水泵房，在实现节地和空间综合利用的同时，也将噪声源房间远离了主要使用区域。

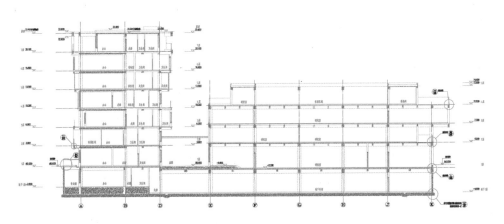

图 2-2-1　建筑剖面图

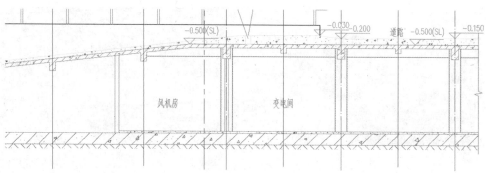

图 2-2-2　坡道下方的空间利用

2. 地下车库采光

地下室通常是建筑采光的薄弱环节，为了将自然光引入地下层，在地库顶部局部设计采光天窗和采光边庭，并在大楼的东侧、西侧及南侧都设计了下沉院落。

通过对地下车库天然采光情况的模拟分析，优化调整采光天窗和边庭的布局，从最初三个天窗调整为两个天窗（图 2-2-3、图 2-2-4）。调整后，南侧活动室采光充足，采光系数能够满足房间内的正常采光需求；停车区内，两个天窗的天然采光效果非常显著，西侧的外窗也有效提供了天然采光照明。整个车库的采光系数基本能满足室内的正常采光需求。

图 2-2-5 和图 2-2-6 为最终实现的采光天窗和采光边庭的外景，以及阴天条件下停车库室内的采光效果。

2.2.2　旧建筑利用

1. 原建筑概况

综合楼建设基地的西边是一座建成于 2005 年的生态小楼，即上海生态示范建筑之一的"零"能耗独立住宅。该栋单体建筑面积 278m²，为二层框架结构，局部设半地下室，作为最早一批示范建筑之一，集成应用了光伏发电、风力发电、地源热泵、可调外遮阳等多项生态建筑技术（图 2-2-7、图 2-2-8）。

2. 功能改造和交通设计

在本项目的建设过程中，对该示范小楼予以完整保留，并通过立面局部改造和内装修，实现功能再造，将其改建为园区的接待楼，主要功能为接待、会议和休息，改造后的各层平面图和实景见图 2-2-9 ～图 2-2-12。接待楼和综合楼主楼之间通过连廊相连接。

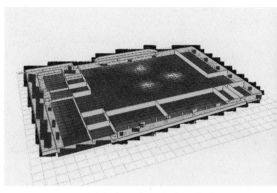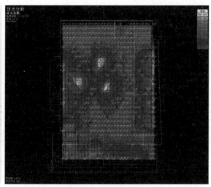

图 2-2-3　原设计车库采光天窗布置方案

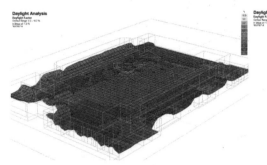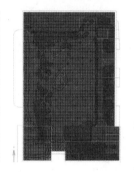

图 2-2-4　优化后车库采光天窗布置方案

图 2-2-5　地下车库采光天窗及边庭实景

图 2-2-6　地下车库采光天窗对室内采光的改善

图 2-2-7　原零能耗生态楼实景

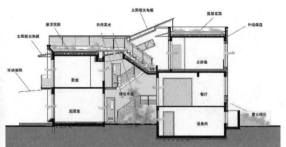

图 2-2-8　原零能耗生态楼内部功能

图 2-2-9　一层平面改造前

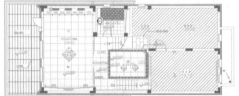

图 2-2-10　一层平面改造后

图 2-2-11　一层改造前后内景对比

图 2-2-12　综合楼与改造建筑的连廊通道

2.2.3 结构体系优化

综合楼主楼的结构体为板柱 – 剪力墙结构，局部为框架结构体系，附楼为框架结构体系。主楼平面大致为矩形，平面尺寸约为 42×14.4m；科研附楼平面大致为矩形，平面尺寸约为 16×40m；地下室平面为矩形，平面尺寸为 64×84m，建筑物高宽比、长宽比均满足规范要求，地下室顶板作为结构嵌固端。

在结构设计过程中，经过结构优化，采取了以下措施，力争使本项目的结构体系成为资源消耗小和对环境影响小的结构体系。

1. 现浇混凝土空心楼盖

主楼（办公）主要柱网尺寸 6m×8.1m，结构类型为板柱 – 剪力墙结构，采用空心楼盖，最大限度地提高楼层净空尺寸，为业主提供了灵活多变的使用空间，并结合建筑楼梯间、电梯间及隔墙，合理布置结构剪力墙，以使结构侧向位移比值满足规范要求。

结合平面布置可以判断建筑平面规则，不存在楼板局部不连续问题。柱尺寸主要为 500mm×600mm；1～3 层混凝土墙体厚度为 250mm 和 350mm 局部为 400mm，4～7 层为混凝土墙体厚度 250mm；2～5 层空心楼板厚 300mm，6～7 层空心楼板厚 350mm；屋顶采用框架结构平面梁尺寸为 400×600，300×500，板厚 120mm。

对空心楼盖（图 2-2-13）的节材效果进行分析：

① 统一按 300mm 厚空心楼板计算

筒芯高度 200mm，重量折算厚度 174mm，惯性矩折算厚度 285mm。

面层荷载常规为 1.5kN/m²，楼面活荷载考虑隔墙荷载后取 3.0kN/m²。

板跨及支承条件相同的条件下，板配筋近似与荷载成正比，与板厚成反比。

空心楼板设计荷载 = $(0.174×25+1.5)×1.2+3×1.4=11.22$kN/m²

实心楼板设计荷载 = $(0.3×25+1.5)×1.2+3×1.4=15$kN/m²

空心楼板柱顶的实心区域占比为 0.3

设计荷载比（空 / 实）$L_{fr}=(11.22×0.7 + 15×0.3)/15 = 0.824$

惯性矩折算厚度比（空 / 实）$I_{fr} = 0.95$

仅考虑重力荷载下楼板用钢量比 S_{fr}（空 / 实）= $L_{fr}/I_{fr} = 0.867$

② 从结构整体考虑，由于采用空心楼板，使得结构自重减少，地震反应也相应降低。结构的竖向承重构件（墙柱）、无梁楼盖内的柱上板带（暗梁）、基础（底板和桩）的截面及配筋也相应减少和降低。近似考虑上述结构构件用钢量与结构整体自重成正比。空心楼盖结构整体恒载自重约 16kN/m²，实心楼板结构整体恒载自重约 20kN/m²，由此推出梁柱基础内的用钢量比 $Sr=0.82$。

最终推算整体理论节约钢材约 15%。

图 2-2-13　混凝土空心楼盖技术

2. 高强度钢筋

在工程梁、板、柱、墙等主体部位使用了大量的 HRB400 级高强度钢筋，总计约 2025t。HRB400 级高强度钢筋占所有主筋的比例达到了 97.7%。高强度钢筋的使用具有显著的节材效果，不仅减少了用钢量，还解决建筑结构中肥梁胖柱的问题，增加建筑的使用面积。

2.2.4 可循环使用隔墙系统

依据综合楼健康、舒适、高效、实用的设计目标，室内平面较多采用可循环利用隔墙系统，以开放式办公为主，小间办公室为辅，尽可能减少空间重新布置时再装修对建筑构件的破坏，节约材料。开放式区域主要采用轻钢龙骨石膏板隔墙系统和玻璃隔断，辅助采用办公家具隔断，将室内空间自然地分隔为办公区、会议区、休憩区等多个机能的小空间。

通过采用石膏板隔墙、玻璃分隔等做法，主要办公区和会议室均实现了灵活分隔，保证了日后再次装修时的隔墙材料循环利用率，实景见图 2-2-14 和图 2-2-15。经统计，本项目可变化功能空间中，实现灵活分隔的面积比例达到了 78%，统计详表见表 2-2-1。

灵活隔断空间面积比例分析　　　　　　　　　　表 2-2-1

楼层	楼层建筑面积（m²）	楼层不可变换功能空间面积（m²）（设备机房、公共走廊等）	楼层可变换功能空间面积（m²）（大开间办公室、会议室）	采用灵活隔断地面积（m²）
B1	3017	2623	394	0
1F	1391	697	694	282
2F	1339	393	946	888
3F	1259	516	743	650
4F	963	225	738	639
5F	740	269	471	471
6F	810	243	567	567
7F	460	197	263	263
所有楼层	9979	5163	4816	3760
各楼层可变换功能空间采用灵活隔断的比列				78%

图 2-2-14　开放式办公区布局（家具隔断、轻　　图 2-2-15　私人办公区布局（玻璃隔墙）
钢龙骨石膏板隔墙）

2.3 高效机电系统——探索与实用平衡

2.3.1 土壤源水冷变频多联机系统

综合楼根据主楼和附楼的功能、负荷以及运行时间的差异，分别设计了集中式和分散式空调系统，兼顾了运行的经济性和管理的便捷性。

附楼主要使用功能为小型实验室和研究室，考虑到各自的温湿度参数、使用时间和负荷特征差异很大，因此采用了独立安装单元式空调器的方式，由末端用户自由控制机组启停和参数切换。

主楼主要使用功能为办公及会议，暖通工程师针对上海地区夏季高温高湿的气象特点，采用了温湿度独立控制的策略，将室内负荷和新风负荷分开处理。其中，新风处理采用溶液调湿全热回收新风机组，室内负荷处理则采用地埋管式水冷变制冷剂流量多联空调机组。因此，本书重点介绍主楼的空调系统设计。

1. 温湿度独立控制空调系统的理念

温度湿度独立控制的空调系统，就是向室内送入经过处理的新风，承担室内湿负荷，根据气候差异，一般夏季对新风进行降温除湿处理，冬季对新风进行加热加湿处理，有的地区新风全年需要降温除湿。在温湿度独立控制空调系统中，新风不仅承担排除室内 CO_2 和 VOC 等卫生方面的要求，还要起到调节室内湿环境的作用；采用另外独立的系统夏季产生 $17 \sim 20$℃冷水、冬季产生 $32 \sim 40$℃的热水送入室内干式末端装置，承担室内显热负荷。系统的组成如图 2-3-1 所示。

采用两套独立的系统分别控制和调节室内湿度和温度，从而避免了常规系统中温湿度耦合处理所带来的能源浪费和空气品质的降低；由新风来调节湿度，显热末端调节温度，可满足房间热湿比不断变化的要求，避免了室内湿度过高过低的现象。

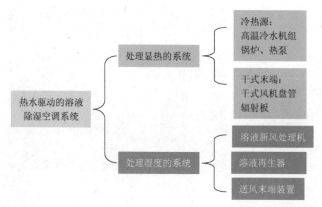

图 2-3-1 温湿度独立控制空调系统的基本组成

温湿度独立控制系统和常规空调系统综合比较   表 2-3-1

	常规空调系统	温度湿度独立控制的空调系统
冷源	7～12℃冷源，承担所有负荷，电制冷机的 COP 为 3～6	17～20℃冷源即可，只需承担房间显热负荷；电制冷机的 COP 能达到 7～10；且可由多种自然冷源提供
新风处理机	新风仅满足卫生要求，一般处理到室内空气的等焓点（或等含湿量点），无调节湿度的要求	对新风进行处理，送入室内干燥的新风，调节室内湿环境
室内末端	普通的风机盘管，冷凝除湿，系统中存在潮湿表面，霉菌滋生的温床	干式末端：干式风机盘管或辐射板，系统中不存在潮湿表面，无霉菌滋生的隐患
室内环境控制手段	室内末端同时调节温湿度，很难满足大范围变化的热湿比	新风调节室内湿度，干式末端调节室内温度，满足变化的室内热湿比要求

    传统空调系统的常见模式是新风加风机盘管形式，以此为例说明温湿度独立。

    控制的空调系统和常规空调系统的差别，参见表 2-3-1。两种空调系统在系统组成和各组成部分承担的环境控制任务等方面有了一定的差别，这使得温湿度独立控制空调系统的设计方法也随之做相应的改变。

2. 空调负荷计算及设计原理

    针对主楼空调系统的设计，为了实现分层分单元运行控制的可能性，同时兼顾可再生能源的使用，暖通工程师为大楼量身定制了一套基于土壤源冷却系统的变制冷剂流量多联式空调系统，并进一步采用了温湿度独立控制的策略，将室内负荷和新风负荷分开处理。对于多联机系统而言，室外机侧环路采用封闭式地埋管系统替代了常规的冷却塔系统，利用土壤层的恒温特性提高机组的运行能效；室内机侧为常规的直接蒸发式系统，每个楼层设置独立的主机处理室内负荷。

    主楼空调系统夏季计算总冷负荷 420kW，单位面积冷负荷指标 122W/m²，其中室内冷负荷为 210kW,新风冷负荷为 210kW;冬季最不利情况下计算总热负荷 350kW,单位面积热负荷指标 101W/m²,其中室内热负荷为 250kW,新风热负荷为 100kW。空调系统将室内负荷和新风负荷分开进行处理,并分别设置系统和空调冷热源。

地埋管系统的设计依据空调负荷计算结果确定,总体设计思路是按照冬季采暖负荷计算埋管数量,并根据夏季制冷负荷确定调峰冷却塔的规模。

3. 土壤换热能力的确定

为保证地下换热器长期稳定安全的运行并保持地下热平衡,地下换热器的设计首先对地下岩土做热响应实验测试,然后对建筑进行全年逐时负荷分析,根据热响应实验测试数据结果及全年负荷情况,利用地下换热器设计软件进行模拟计算,确定地下换热器的形式、深度、数量、间距等,以及地下换热器运行期间的温度变化情况。

依据《地源热泵系统工程技术规范》GB50366—2005(2009 年版)中的相关规定,本项目的岩土热响应试验目的是了解地质情况及钻孔难度、岩土热物性参数,地下埋管换热器的冬夏取放热量参考值,为项目的设计和决策提供参考。

岩土热响应试验系统原理就是一个闭式的循环系统,通过地下埋管换热器与周围岩土实现热交换,并记录相关温度数据,根据收集数据通过专业数据分析软件进行数据分析从而得到导热系数等热物性参数。地下埋管热交换器的设计,最主要就是确定地下岩土的平均导热系数,平均导热系数有钻孔内和钻孔外两部分,钻孔内部分包括地埋管内换热介质,地埋管的管壁及回填料导热情况;钻孔外部分指钻孔周围岩土的导热综合情况。根据线热源理论,在恒热流条件下,温差与时间之间是线性关系。模拟试验中,恒定电加热量,模拟恒热流密度工况,记录试验中埋管进出水温度。

本次岩土热响应试验仪器按照规范要求,以线热源模型为基础,利用现场钻探试验孔并进行埋管和测试,该试验仪器控制柜内部设置电加热器提供恒定的电加热量,为地埋管内的换热介质提供恒热流条件(图 2-3-2)。

图 2-3-2 岩土热物性响应测试仪器

该测试系统由模拟子系统、控制子系统和数据采集子系统构成。模拟子系统包括测试时的试验钻孔、地埋管及管内换热介质，在测试时模拟土壤源热泵系统夏季向地下岩土体的放热工况；控制子系统为一移动式控制柜，其中包括电热器、水泵等用于控制测试时地埋管内换热介质的放热量、流量等数据；数据采集子系统包括流量传感器、温度传感器、压力传感器等，自动采集地埋管内换热介质的进出口温度，用于后期计算岩土体的热物性参数，包括导热系数、容积比热、热扩散率和地下换热器的综合导热系数，再根据地源热泵工程技术规范中的推荐热阻方法计算地下埋管换热器的综合热阻和地下换热器的取放热量指标（图2-3-3）。

本项目选取的测试井基本数据如表2-3-2：

试验装置在电加热开启前，使水泵启动循环4h左右，观察埋管换热介质的进出口温度的稳定时开始岩土初始平均温度测试，从图2-3-4可以看出水泵的运行做功在

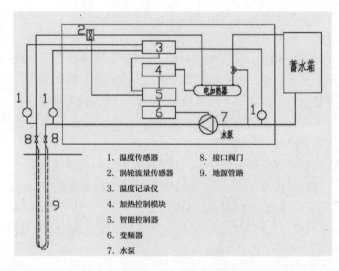

1. 温度传感器　　　　8. 接口阀门
2. 涡轮流量传感器　　9. 地源管路
3. 温度记录仪
4. 加热控制模块
5. 智能控制器
6. 变频器
7. 水泵

图2-3-3　岩土热物性响应测试系统原理图

测试井基本数据　　　　　　　　　　表2-3-2

井埋管编号		1号井
垂直埋管段	垂直深度（m）	60
	有效深度（m）	60
	垂直埋管总长度	120
	回填材料	原浆＋黄砂
	钻孔直径（mm）	135
PE管 Φ32	外径（mm）	32
	内径（mm）	26

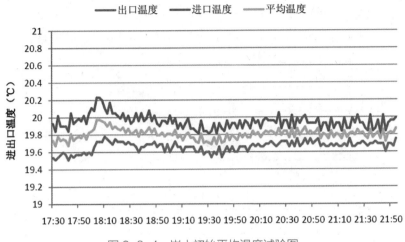

图 2-3-4　岩土初始平均温度试验图

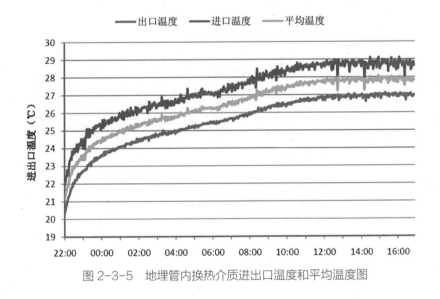

图 2-3-5　地埋管内换热介质进出口温度和平均温度图

初始阶段对循环水温的温度产生很小的影响，试验开始一段时间后地埋管进出水温大致稳定，此时的平均温度，进出水温度过程中有所波动，但是并不影响整体温度趋势，由于测试孔及埋管内的存水已静置超过 72h，可将后期稳定阶段循环水的平均温度认为是项目所在地的岩土初始平均温度，即可认为岩土初始平均温度为 19.8℃。

从图 2-3-5 可以看出，地埋管内换热介质的进出口温度在初期上升得较快，因为在初期地下岩土体的温度处于初始平均温度，地埋管内循环介质与周围岩土之间的温差较小，向周围岩土散热量较小，而电加热功率恒定，导致换热介质的温升较快，而随着换热介质与地埋管换热器之间换热的不断进行，地埋管与周围岩土体的温差逐步稳定，此时地埋管进出口温差保持稳定，满足试验要求的恒热流条件，也说明地埋管换热器的换热能力是稳定的（图 2-3-6）。

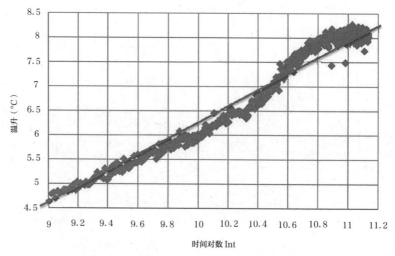

图 2-3-6　热响应试验拟合图

岩土热物性参数测试结果　　　　　　　　　　　　　　　表 2-3-3

有效埋管深度（m）	循环流量（m³/h）	埋管平均出口温度（℃）	埋管平均进口温度（℃）	平均换热功率（W）	岩土综合导热系数 W/(m·K)	岩土初始平均温度（℃）
60	1.3	25.5	27.3	2596	2.167	19.8

从测试结果得出以下结论：

（1）本次试验岩土体初始平均温度为 19.8℃，略高于与当地全年平均气温，但该项目的岩土初始平均温度对冬季埋管取热与夏季排热都较有利。

（2）本项目的地下主要为土层，将试验结果进行数据分析与计算，岩土体综合导热系数为 2.167W/（m·K），综合地质条件可采用土壤源热泵空调。

地埋管换热器换热能力测试结果见表 2-3-4。

地埋管换热器换热能力测试结果　　　　　　　　　　　　表 2-3-4

埋管形式	埋管深度（m）	流量（m³/h）	每延米散热量（W/h）	每延米取热量（W/h）
单 U	60	1.3	53	42

从上表可以看出，在埋管形式为单 U 形式，钻孔深度为 60m，钻孔流量为 1.3m³/h，建议设计换热量参考指标：夏季散热量 53W/m，冬季取热量 42W/m。

4. 布孔间距的确定

（1）布孔间距的影响因素

地埋孔在考虑孔间距通常需考虑以下因素：a. 负荷：孔间距不得小于垂直埋管最大负荷换热时在该区域内形成的温阶扩散直径；b. 打井占地面积：若井距增大，则所需的打井面积随之增加；c. 施工费用：井间距增大将增加水平开挖土方量，增加水平管长度，增加工程造价。

（2）孔间传热模拟及孔间距的确定

在实际工程应用中，一般地下换热器采用几十组甚至上百组垂直埋管，埋管管群之间的热干扰是不可避免的。对热干扰作出正确的评估，以设计合理的垂直埋管的数量、水平间距、竖向埋深和合理的运行方式。在实际工程中，地下埋管管群经常布置成阵列状，其水平间距和竖向间距由实际工程确定，根据可布孔位置的空间及换热负荷值一般为 3 ～ 6m 不等。

根据流体分析软件模拟，垂直管在其周边有一温度场。孔之间必须保证有足够的间距供温度传递，使最外圈土壤温度能与原始温度接近。埋管的放热或者取热都是辐射状向四周扩散，因此其影响及受影响程度最大的都来自于其最相邻的管井。以一个中心管井及其相邻的四口管井，通过其对中心管井的影响来评估管群间的热干扰。单根地下埋管的结构如图 2-3-7 所示，传热介质在其中的流动方向相反，一进一出构成闭式循环回路；双 U 埋管则为两进两出。

地下埋管与土壤间的换热是一个复杂的传热过程，其换热强度受诸多因素的影响，如埋管长度、尺寸、导热系数以及埋管周围土壤的类型、含水率、导热性能、水分迁移和运行时间、间歇运行工况、冷热负荷大小等。

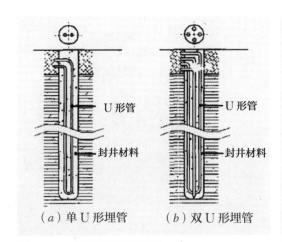

图 2-3-7　垂直埋管示意图

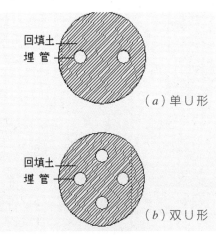

图 2-3-8　埋管横截面示意图

U 形管与土壤的传热过程包括这样几部分：U 形管内水的对流换热；水与管壁之间的对流换热；管壁中的导热；管壁与回填土的传热；回填土中的传热；回填土与土壤的传热和土壤中的传热。当热泵系统开始运行后，管壁、回填土和土壤温度依次发生变化，并在不同的运行季节和运行年度，表现出不同的温度分布特征。因此，地埋 U 形管与土壤间的传热过程是非稳态的传热过程。尽管地下换热埋管的传热机理较为复杂，但对于工程应用问题，为简化分析可作如下假设：

① 在整个传热过程中，土壤的物理成分、热物性参数保持不变；土壤的计算物性参数取平值；

② 由于地下水位较低，不考虑水分迁移对热量传递的影响，埋管与土壤之间的热量传递过程为纯导热的传热过程；

③ 认为土壤的初始温度均匀一致并仅随深度方向变化。

基于上述假设，管井中 U 形管及回填材料可简化为一个当量的单管式热源，对于管群中部的某一管井，其周围土壤的传热可简化为图 2-3-9 所示的问题。其中，井壁和井底可设为等热流边界，井底向下 10 米深处设为等温边界，地表温度则随当地气象条件四季变化。

应用专业软件中求解 U 形垂直埋管管群周围非稳态温度场，针对夏季制冷工况土壤源热泵连续运行时地下换热埋管管群周围温度场的分布进行了模拟。按 100% 最不利条件进行模拟，土壤的初始温度 18.7℃；地源侧进出水温度为夏季工况 35/30℃，冬季工况在 11/15℃，孔内埋设单 U 地埋管。单位井深的换热量依据土壤热物性实验测试结果，夏季散热量 53W/m，冬季吸热量 42W/m，对单孔、孔间距 2m×2m、孔间距 4m×4m，分别通过软件模拟运行。

通过软件模拟，冬夏季土壤吸散热传热温阶图如图 2-3-10～图 2-3-14 所示。

孔间距 2m×2m 时的温度场分布，此时土壤温度场出现以下情况：

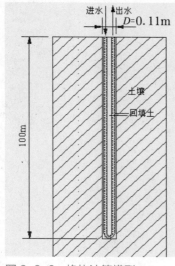

图 2-3-9　换热计算模型

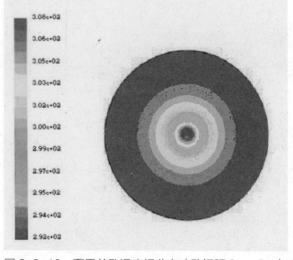

图 2-3-10　夏季单孔温度场分布（孔间距 2m×2m）

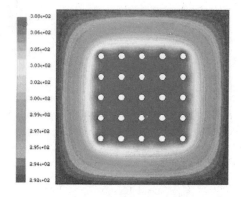

图 2-3-11 夏季散热温阶图（间距 2m）

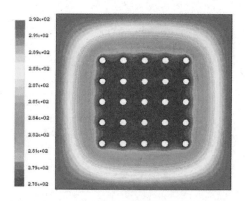

图 2-3-12 冬季吸热温阶图（间距 2m）

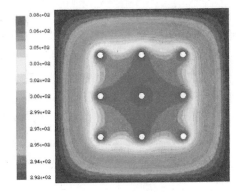

图 2-3-13 夏季散热温阶图（间距 4m）

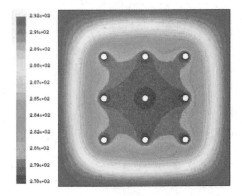

图 2-3-14 冬季吸热温阶图（间距 4m）

可见，夏季时，由于 2m×2m 的孔间距过小，井的周围热量堆积，使土壤温度越来越高，无法有效排热。冬季时，由于井间距过小，井的周围冷量堆积，使土壤温度过低，无法正常取热。

因此，当孔间距 2m×2m 时，间距过小，会形成冷、热量堆积，靠近埋管中心位置的垂直孔吸散热越差，运行工况越来越恶劣，降低主机运行效率。

以下对孔间距 4m×4m 时的温度场分布进行计算，此时土壤温度场表现图 2-3-13 和图 2-3-14。

上述模拟表明，孔间距 4m×4m 时，单个孔的换热效果远高于孔间距 2m×2m 时的换热效果，此时夏季散热量约 51.8W/m，冬季吸热量约 41.2W/m，垂直孔夏季散热量及冬季单位孔深吸热量大于设计散吸热量，当孔间距为 4.0m×4.0m 时吸散热效果满足地源热泵设计的换热量。

综合考虑以上因素，并结合初步布孔情况，本工程孔间距取值为：H=4m×4m。在该间距下，单个孔形成的温阶扩散范围不重叠，而且有足够的间距使外圈的土壤恢复到与原始温度接近。井位确定方面，根据招标文件给出的基础结构及桩基布置图，本项目采用"菱形"布孔方式，桩基间埋管。

5. 系统设计及设备选型

本项目的设计参数如表 2-3-5 ～表 2-3-7。

室外设计参数   表 2-3-5

夏季空调室外计算温度	34℃	冬季空调室外计算温度	-4℃
夏季空调室外湿球温度	28.2℃	冬季空调室外相对湿度	75%
夏季室外大气压力	100.53kPa	冬季室外大气压力	102.51kPa
夏季室外平均风速	3.2m/s SE	冬季室外平均风速	3.1m/s NW

室内设计参数   表 2-3-6

房间名称	夏季		冬季	
	干球温度（℃）	相对湿度（%）	干球温度（℃）	相对湿度（%）
办公	26	<65%	18 ～ 20	—
会议室	26	<65%	18 ～ 20	—
门厅	26	<65%	18 ～ 20	—

新风量标准   表 2-3-7

区域	B1层	一层	二层	三层	四层	五层	六层	七层
人均新风量（m³/h·λ）	30	30	30	30	30	30	30	30
各层新风量（m³/h）	1700	3300	2000	1700	2300	2300	2300	1400
系统新风量（m³/h）	5000			6000			6000	

空调负荷计算结果表明，综合楼主楼的冬季设计采暖负荷为 250kW，空调主机总流量为 27m³/h，以 10℃温差进行换热。设计室外地埋管系统供回水总流量为 80.3m³/h，温差为 5℃，管内流速 1.65m/s，地埋管系统总阻力 6.0mH₂O。地埋管的布置根据地下室工程桩位置统筹考虑，在基本柱网内以 4m×4m 的间距菱形布置竖直地埋换热器。共布置埋管数量 100 孔，单井钻孔深度 70 m，钻孔直径 150mm。地埋换

热器为单 U 管，管径 32mm，换热管顶和水平连接管布置在基础底板垫层下。

考虑到系统运行和管理需要，地埋管系统按每 4 孔设为一组，采用并联同程式连接，共分为 25 组，每 5 组设一套分集水器，系统共设置分水器和集水器各 5 台。实际运营中可根据负荷变化调节地埋管换热量，保证安全可靠运行（见图 2-3-15、图 2-3-16）。

空调冷却水系统采用二次泵系统，地埋管—分水器—集水器之间为一次泵系统，送往空调器的循环水泵为二次泵系统，一次泵与二次泵之间设置平衡管，二次泵系统的水流量为 28m³/h，根据负荷变化调节使用。一次泵循环系统水流量为 105m³/h。

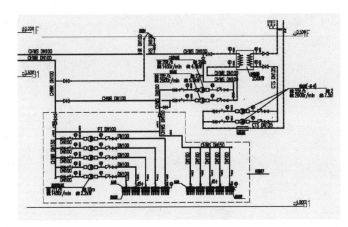

图 2-3-15 空调水系统图
（地埋管部分）

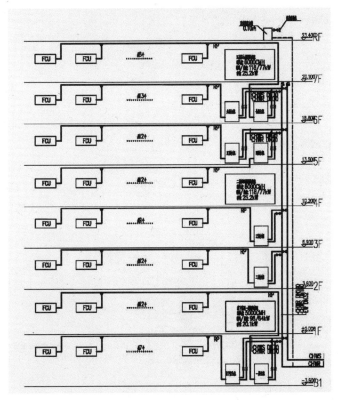

图 2-3-16 空调水系统图
（冷却水系统部分）

91

　　室内每层单独设置空调系统，每层划分为一个空调系统，设置一套水源热泵变制冷剂流量多联式空调机组，模块化的机组安装在机房内，室内按办公单元空间的划分分别设置空调末端，末端机组采用冷媒直接蒸发式风机盘管，风机盘管安装于各单元顶部靠走廊侧。

　　为保证土壤热平衡以及提供系统运行保障，对地埋管系统设置夏季全负荷备份和冬季热补偿。夏季采用一台50t/h的冷却塔，通过板式换热器与地源换热水系统并联，板式换热器阻力为7mH$_2$O，系统设置两台冷却水泵，一用一备安装于地下水泵房内。

　　根据各层的空调计算负荷，选择容量匹配的多联式空调主机，如表2-3-8。

　　选用的多联机主机为数码变容量机组（图2-3-1），采用电子膨胀阀确保机组适应更大范围的水源水温工况，制冷状态下进水温度范围为10～40℃，制热状态下进水温度范围为7～30℃。宽范围的水温适应能力使得机组可同时满足夏季土壤源和冷却水源两种水温工况。同时，机组为小型模块化机组，单个模块外形尺寸相同，便于实现

水冷式多联式空调主机设备列表　　　　　　　　表2-3-8

型号	性能参数	数量	服务区域
MDS-W080AR	制冷 23.5kW/ 制热 24kW 功率 4.8 kW IPLV(C)>3.4	2	三层，七层
MDS-W120AR	制冷 33.5kW/ 制热 35kW 功率 7.5 kW IPLV(C)>3.4	2	地下一层，二层
MDS-W140AR	制冷 40kW/ 制热 41kW 功率 8.2 kW IPLV(C)>3.4	3	四～六层
MDS-W160AR	制冷 47kW/ 制热 48kW 功率 9.6 kW IPLV(C)>3.4	1	一层

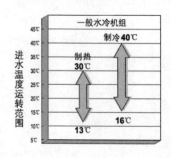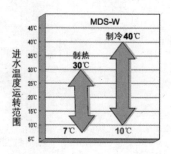

图2-3-17　多联机主机的水温适应性范围

快速组合和模块拼接，机组结构紧凑，可根据建筑特点坐地安装或者吊装，充分利用建筑内部的冗余空间，例如阳台、吊顶等，减少机组占地面积，节省更多建筑使用空间。

该设计兼具了 VRF 系统的灵活性和地埋管水系统换热的高效性。一般水冷多联机组（冷却塔工况）的 IPLV 值为 3.5 左右，而该项目选用的多联机（土壤源工况）的 IPLV 值大于 4.5，可有效提高系统能效比。

2.3.2　溶液调湿新风系统

前文已经提到，主楼采用了温湿度独立控制的策略，将室内负荷和新风负荷分开处理。其中，新风处理采用溶液调湿全热回收新风机组，室内负荷处理新风系统设计。

1. 系统设计和设备选型

热泵式溶液调湿新风机组是一种利用具有调湿特性的盐溶液为工质的空气处理设备，通过盐溶液向空气吸收或释放水分，实现对空气湿度的调节。与常规冷冻除湿相比，溶液调湿新风机组不仅降低了除湿能耗，而且消除了冷冻除湿必然产生的潮湿表面，从而杜绝了霉菌滋生，提高了室内空气品质。热泵式溶液调湿新风机组不同于普通新风机组，它是集冷热源、全热回收段、空气加湿、除湿处理段、过滤段、风机段为一体的新型新风处理设备，具备对空气的冷却、除湿、加热、加湿和净化等多种功能，可独立运行满足新风处理要求。

从能源利用角度看，溶液热回收型新风机组是一种能量热回收装置，高效节能；从空调安全角度看，它能提供清洁、健康、安全的空气；从空气热湿处理功能看，它可以高效除去新风中水分，能够实现室内温湿度独立控制和精确控制；能够实现室内空气干工况运行，消除室内空气处理湿表面，避免滋生细菌，有利于保障室内良好的空气品质，克服"病态建筑综合征"。溶液热回收型新风机组汇集上述所有这些特点和优势于一身而成为整体式新风机组，因此，只要是需要新风的场合均可选用，特别是办公建筑、宾馆建筑等对室内空气品质要求较高的公共建筑（图 2-3-18）。

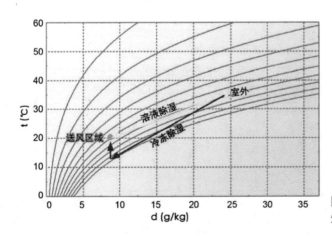

图 2-3-18　溶液除湿机组空气处理过程

夏季运行时，高温潮湿的新风在全热回收单元中以溶液为媒介和回风进行全热交换，新风被初步降温除湿，然后进入除湿单元中进一步降温、除湿达到送风状态点。调湿单元中，调湿溶液吸收水蒸气后，浓度变稀，为重新具有吸水能力，稀溶液进入再生单元浓缩。热泵循环的制冷量用于降低溶液温度以提高除湿能力和对新风降温，冷凝器排热量用于浓缩再生溶液，能源利用效率相对较高。冬季工况运行时，切换四通阀从而改变制冷剂循环方向，可实现空气的加热加湿功能。

本项目新风机组位于一、四、七层空调机房内，分别供应地下一层和一层新风、二至四层新风、五至七层新风。热泵式溶液调湿新风机组工作原理如图2-3-19。

本项目选用的溶液调湿新风机组设备见表2-3-9所列。

2. 经济性分析

热泵式溶液调湿新风机组由多级全热回收单元工作原理如图2-3-20所示。以夏季为例，溶液泵从下层单元模块的溶液槽中把溶液输送至上层单元的顶部，溶液自顶部的布液器喷淋而下润湿填料，并与室内回风在填料中接触，溶液被降温浓缩，排风被加热加湿。降温浓缩后的溶液从上层单元底部溢流进入下层单元顶部，经布液器均匀地分布到下层填料中。室外新风在下层填料中与溶液接触，溶液被加热稀释，空气被降温除湿。溶液重新回到底部溶液槽中，完成循环。在此全热回收单元中，利用溶

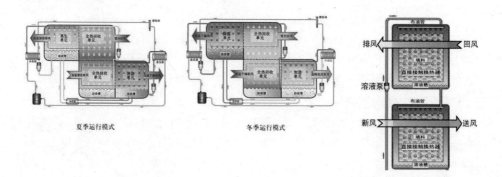

图2-3-19 溶液调湿机组冬夏季运行过程　　　　　　图2-3-20 溶液全热回收单元

溶液调湿新风机设备列表　　　　　　　　　　　表2-3-9

型号	性能参数	数量	服务区域
HVF-05	制冷98kW/制热64kW 风量5000m³/h 功率20.1kW	1	地下一层，一层
HVF-06	制冷118kW/制热77kW 风量6000m³/h 功率25.2kW	2	二～四层 五～七层

液的循环流动，新风被降温除湿、回风被加热加湿，从而实现了能量从室内回风到新风的传递过程。冬季的情况与夏季相反，新风被加热加湿、回风被降温除湿。

根据《中国建筑热环境分析专用气象数据集》得到上海市全年室外逐时气象参数如图 2-3-21 所示。根据全年逐时室外气象参数，得到上海市各月平均室外温度，如图 2-3-22 所示。

依据室内设计参数及上海市各月平均室外温度，确定溶液调湿新风机组的全年运行模式：当月平均室外温度高于 18℃时，开启全热回收单元夏季模式，回收排风的冷量；当月平均室外温度低于 10℃时，开启全热回收单元冬季模式，回收排风的热量。

每年的 1、2、3、12 月份开启全热回收单元冬季模式，5～10 月份开启全热回收单元夏季模式，4 和 11 月份不开启全热回收单元，机组仅运行通风模式。

设定机组全热回收运行模式如下：

① 机组工作时间为 8：00～18：00；

② 5～10 月份开启全热回收单元夏季模式，当室外空气焓值大于夏季室内设计参数焓值（58.3kJ/kg）时，开启全热回收段；

③ 1、2、3、12 月份开启全热回收单元冬季模式，当室外空气焓小于冬季室内设计参数焓值（38.5kJ/kg）时，开启全热回收段。

根据已知的新风量以及室内外气象参数，计算得到全年逐时的全热回收量，如图 2-3-23 所示。其中，热泵式溶液调湿新风机组两级全热回收效率按 65% 计。

若系统无全热回收，则需消耗冷机及输配系统的能耗（夏季）或天然气量（冬季）来处理此部分负荷。而开启全热回收单元仅需消耗溶液泵功耗以及因全热回收单元而使风机阻力增加的风机能耗，可以节省可观的系统运行费用，系统增加的能耗如图 2-3-24 所示（夏季冷机耗电，冬季耗燃气）。其中，常规冷机 COP（含输配系统）按 3.0 计；天然气热值按 36500kJ/m³；燃气锅炉效率按 90% 计。

通过以上分析得到全热回收单元的经济性比较如表 2-3-10 所示。从表中可以看出，

经济性计算结果 表 2-3-10

项目	单位	无全热回收		溶液全热回收单元	
耗能设备	—	冷水机组	燃气锅炉	溶液泵	风机
全年耗电量	kWh	22312	—	2297	2927
全年耗天然气量	m³	—	9973	—	—
运行费用	元	53216		4753	
运行费用节省	元	—		48463	

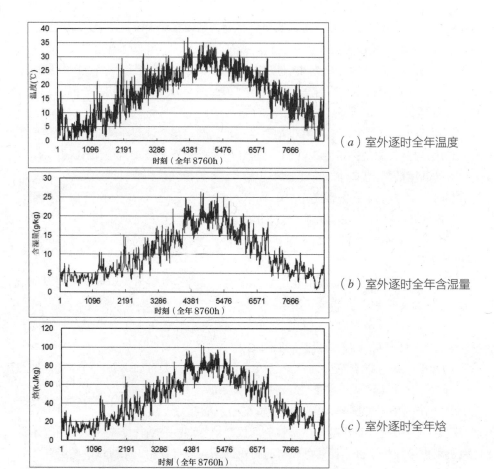

（a）室外逐时全年温度

（b）室外逐时全年含湿量

（c）室外逐时全年焓

图 2-3-21　上海市全年室外逐时气象参数

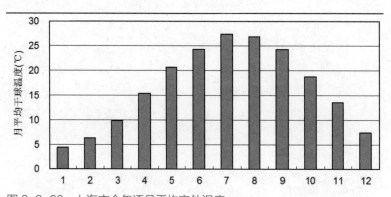

图 2-3-22　上海市全年逐月平均室外温度

全热回收单元每年可节省系统运行费用 4.8 万元。其中，电价按 0.91 元 /kWh 计，天然气按 3.3 元 /m³ 计；送风机与排风机阻力增加均按 100Pa 计算，风机效率按照 70% 计算。可见，采用热泵式溶液调湿新风机组具有良好的节能效果及显著的经济效益。

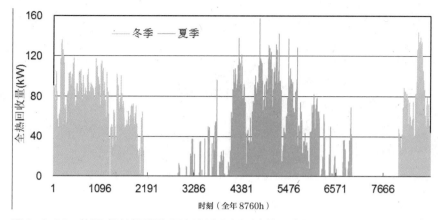

图 2-3-23 热泵式溶液调湿新风机组全年逐时全热回收量

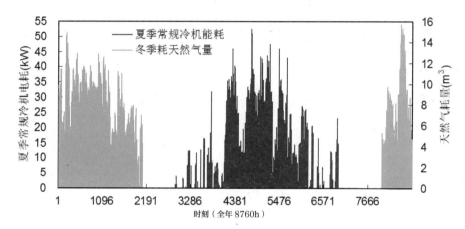

图 2-3-24 无全热回收时系统能耗增加量

2.3.3 太阳能热水系统

莘庄综合楼的生活热水需求主要来自于卫生间盥洗热水，按照设计人数 300 人计算，生活热水设计日需求总量 1.2m³。设计供热水温度为 45℃。

集热器类型选用平板式，共安装了单元尺寸 2m×1m 的集热器共 8 块，累计有效集热面积 16m²。集热器倾角 30°，为上海地区适宜安装角度。集热板及蓄热水箱均布置在办公楼七层屋面上（图 2-3-25），系统采用承压二次交换换热方式，蓄能水箱采用承压方式与自来水等压供水以保证用水压力稳定。

太阳能集热系统在工作时段进行温差循环，设有高温高压保护以及冬季防冻保护，集热器、电控、泵阀工作站与水箱统一搁置于屋顶平面层。在系统设计上，供水端由太阳能热水直供改为太阳能与热水宝串联，太阳能集热水箱内不再加装电加热器，可最大程度节约电能使用，另外可保证热水及时流出，提高用水舒适性。

图 2-3-25　主楼屋面太阳能集热器实景

2.3.4　环境参数监测系统

1. 系统概述

莘庄综合楼项目设计并实施了一套室内环境质量监测与发布系统，目的在于：通过对室内环境参数的实时监测，全面了解室内环境状况；通过实施室内环境进程化管理策略，提升室内环境管理水平；对阶段性数据进行分析统计，评价室内环境的优劣；在展示平台上实现数据分析统计即评估报表的阶段发布。

选择五楼整个楼层和屋顶为监测对象，六楼部分区域为室内环境控制的试点区域，在相应的功能区域实施室内环境监测，监测的参数包括 CO_2 浓度、温湿度、照度、噪声、VOC 浓度等，并在特定位置布置人体红外感应器。集中信息发布的地点位于门厅的信息屏（图 2-3-26、图 2-3-27）。

系统建成后作为一个完整的环境管理平台，实现以下功能：

① 室内环境数据的自动监测、过滤、记录、历史查询，保障了数据的及时性、可靠性、有效性和可追溯性；

② 及时发现室内环境异常情况，为室内环境诊断提供分析依据，提高室内环境水平；

③ 为长期室内环境的动态运营管理提供技术数据支撑，提供室内环境管理绩效评价的考核依据。

2. 主要设计目标

（1）仪表实时监测功能、环境数据历史曲线查询

实时曲线和历史曲线（温度、湿度、CO_2 浓度、照度和噪声）采样周期为 10 分钟瞬时值，并提供该建筑不同空间同一参数的对比曲线。

（2）统计分析与评价

统计显示每日各区域温度、相对湿度、CO_2 浓度、照度和噪声的最大值，最小值和平均值，以蜡烛图的形式显示出来。

根据环境分级随着建筑或房间或空间总体概况一起显示目前环境现状的总体评价。

根据分级的统计百分比，进行总体建筑和房间或空间的统计评价，同时提供不

图 2-3-26　综合楼五层环境监测传感器布置图

图 2-3-27　综合楼五层环境监测传感器布置图

同房间或空间之间的统计评价比较。

（3）超标报警提示

自我判断数据好坏，及时给出系统提示，并自动过滤。连续出现数据可靠性问题（3 小时）提示报警（系统平台本身可能发生问题）。

设定环境参数的预警值和报警值，超出相应范围进行预警报警，提出干预诊断需求，并记录日志（实际环境可能出现问题）。

3. 传感器选择与布点原则

室内环境监测指标选择具有监测日常环境运行意义的（日常运行随室内外条件变化较大的）指标参数：温湿度、CO_2、照度和噪声。

传感器的性能应满足及时有效的反应室内环境现状的要求，同时考虑经济性的因素，因此选择的传感器型号汇总于表 2-3-11。

传感器布置需兼顾数据有效性与线路铺设的可实现性，基本原则为：

（1）与室内空气相关的传感器布置，在机械通风情况良好的前提下，可放在回风口的位置，具体放置情况需结合空调系统设计与气流组织形式，再加以模拟优化，最终得到最佳位置。

（2）室内照度传感器的布置与室内装修布置有关，原则上应以水平办公桌面的高度照度为基准，结合设置传感器的可行性确定最终位置。

（3）由于噪声在单间房间的室内分布较其他指标均匀，因此，主要考虑布线的方便性。

环境监测传感器参数　　　　　　　　　　　表 2-3-11

名称	型号	参数
室内照度传感器	PSR-1-T-E	0～2000lx
室外水平照度传感器	PSR-1-T-E	0～20000lx
室外垂直照度传感器	PSR-1-T-E	0～20000lx
室外温湿度传感器	RH310A05C2A6	0……100%RH -50……+50℃ 5% 精度
室内温湿度传感器	RH110B05C1A6	0……100%RH -50……+50℃ 5% 精度
室外 CO_2 浓度传感器	CDD1A1000	0～2000ppm
室内 CO_2 浓度传感器	CDD1A1000	0～2000ppm
挥发性有机气体传感器	AIR300AE	0～5ppm 精度 0.02～0.03
人体感应器	MRT201-X11	感应范围：125° 圆锥角，5～8m 以内

（4）室外的传感器除风雨、风速传感器之外，需要布置在避雨避风的位置；此外噪声传感器应布置于建筑南立面与交通干道之间。

本项目在传感器选择方面采用无线传感器技术进行室内环境数据的采集。该技术是一种基于 ZigBee 技术的通用无线传感器网络硬件平台，具有低功耗、低成本、低速率、近距离、短时延等优点。传感器采集的数据通过无线数据采集模块汇集并以无线信号形式发射数据，经无线数据接收器接收后通过监测系统在监测界面上显示，其系统工作流程见图 2-3-29 所示。

传感器每 10 分钟记录一次数据，并将记录的数据显示在"环境参数监测与发布系统"上。环境参数监测与发布系统为在线平台，物业管理人员和大楼使用者在登录后可随时观测当前时刻所在区域的温度、湿度、CO_2 浓度、照度、噪声等参数，发现超标或异常等情况，可及时对空调通风系统和照明系统进行运行调整和故障诊断，保障室内环境品质在可接受范围内。监测系统界面如图 2-3-30 所示，该图截取的是冬季连续七天的室内温度波动情况。

2.3.5　建筑用能管理系统

1. 系统设计目的

建立建筑物用能管理系统的目的，是通过对办公大楼公共部位用电的空调、照明、动力、机房等用能进行分项计量，远程监测、统计、分析、比较用能数据，发现用能规律，诊断用能问题，提升整幢建筑的能源管理水平（图 2-3-28）。

系统的主要设计目标如下：

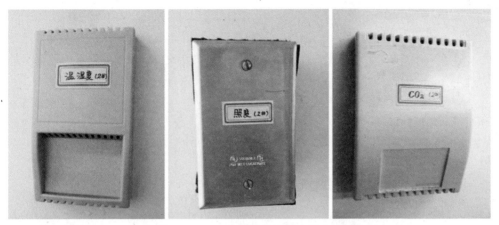

图 2-3-28　会议室传感器安装实景

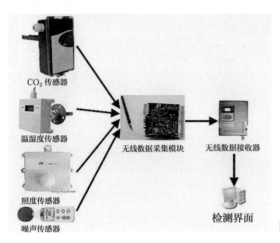

图 2-3-29　无线传感器工作流程图

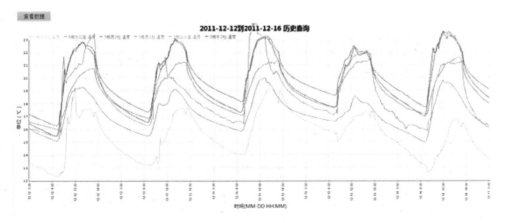

图 2-3-30　监测系统界面（历史数据查询）

（1）用电分项。根据分项计量的等级划分（如下表），本项目主要实现至 IV 级计量，即动力、照明、空调、厨房、机房等分项的用电分离。

（2）统计功能。根据用户需要自由选取定义统计项目，由软件自带的运算工具统计汇总，并根据用户要求以相应的图表形式输出，有查询、修改数据的功能。

（3）分析功能。主要耗能设备的用电情况分析；电能浪费的漏洞；验证通过节能改造而降低的能耗的效果。

（4）比较功能。单体建筑内不同用电设备的分项消耗电能纵向比较。

楼宇用能设备系统分级说明   表 2-3-12

I 级	II 级	III 级	IV 级	
常规电耗	照明插座系统电耗	照明电耗	室内常规照明	
			走廊和应急照明	
		线路插座设备电耗	办公设备	
	空调系统电耗	冷站	制冷系统	冷机
				冷却塔风机
				冷却泵
			地源侧循环水泵	
		空调末端	新风机组	
			VRV 内机	
	其他动力系统电耗	电梯		
		生活热水泵		
		排风机		
特殊电耗	厨房电耗	通风和空调设备		
		炊事设备		
	计算机房电耗	通风和空调设备		
		计算机等设备		

2. 系统设计和设备

莘庄办公楼能源计量系统回路设计详见表 2-3.13。

采用先进的多功能智能化仪表实现电量采集，其可以采集电压、电流、有功功率、无功功率、视在功率、功率因数、频率、有功电度、无功电度等参数，可以通过对这些参数的采集分析明确电耗在哪里，准确找出建筑的能耗浪费和节能潜力，对症下药；找出无功功率产生的对象、诊断原因、降低无功功率的产生，提高电网的效率；通过

综合楼能源计量系统监测回路设计　　　　　　　　　　　　表 2-3-13

计量范围	回路	路数	表具
配电房	本楼照明、动力、空调各一路出线	3	三相智能电表
楼层配电箱 B1AP2	普通风机	1	普通远传表（电能）
B1APS1、B1APS2	总量（排水泵）	2	普通远传表（电能）
	冷却水泵	2	普通远传表（电能）
	循环水泵	2	普通远传表（电能）
	生活水泵	2	普通远传表（电能）
B1APS3、B1APS4	总量（空调）	2	普通远传表（电能）
	照明	2	普通远传表（电能）
	插座	2	普通远传表（电能）
B1APE1、B1APS2	总量（车库照明、消防泵、报警主机等）	2	普通远传表（电能）
1ALE～7ALE	应急照明（公共照明）	2	普通远传表（电能）
B1AP1、5AP1、6AP1	总量（空调、通风）	3	普通远传表（电能）
	空调主机 1	3	普通远传表（电能）
	空调新风	3	普通远传表（电能）
1AP1	总量（空调）	1	普通远传表（电能）
	空调主机	1	普通远传表（电能）
2AP1、3AP1	总量（空调）	2	普通远传表（电能）
	空调主机	2	普通远传表（电能）

续表

计量范围	回路	路数	表具
4AP1	总量（空调）	1	普通远传表（电能）
	空调主机	1	普通远传表（电能）
	冷却塔	1	普通远传表（电能）
7AP1	总量（空调）	1	普通远传表（电能）
	空调主机	1	普通远传表（电能）
	太阳能	1	普通远传表（电能）
	中水增压	1	普通远传表（电能）
B1AL1、2AL1、3AL1、5AL1～7AL1	照明	6	普通远传表（电能）
	插座	6	普通远传表（电能）
1AL1、1AL4	照明	2	普通远传表（电能）
	插座	2	普通远传表（电能）
	电动门	2	普通远传表（电能）
B1AL2	照明	1	普通远传表（电能）
1AL2、4AL2	照明	3	普通远传表（电能）
2AL2	照明	1	普通远传表（电能）
3AL2	照明	1	普通远传表（电能）
5AD1、7AD1	电梯	2	普通远传表（电能）

对设备系统功耗的实时、有效的长期分析总结，找出系统结构形式和设计不合理，运行调节策略不当，设备没有工作在最佳工况点、设备已存在老化等各类非正常耗电原因合理应对加以改造，加快建筑节能步伐。

多功能智能化仪表自身带有 CPU 模块，可将获取的电压、电流数据分析可以计量非线性负荷（如变频器、电子镇流器、计算机等）造成的电压和电流畸变而含有高次谐波场合的测量，所有的数据通过自带的内存记入起来，通过 RS485 通信口，用 Modbus 通信协议送出数据。

JK-EICM 能耗智能采集仪最多可以接 16 块多功能智能化仪表，采用 RS485 协议与能耗表进行通信。对能耗表每隔一定时间（可设定：30s、50s、60s、100s、150 s）采集其输出数据，如对多功能电表采集三相电流、三相电压、功率因数、有功功率、无功功率五项数据，每隔一定时间（可设定，大于或等于采集的时间间隔）的数据各存入外部 FLASH。智能采集仪按每隔 5 分钟存储一次多功能电表的数据计算，FLASH

至少可存储 16 块表 30 天的数据。

能耗管理系统界面和数据显示见图 2-3-31 和图 2-3-32。

2.3.6　建筑智能化系统

基于办公和实验室功能需求，综合楼设计了一套满足自身功能需要的建筑智能化系统，主要功能模块包括：综合布线系统、计算机网络系统、有线电视系统、安保监控系统、电子门禁系统、环境监测系统、分项计量系统以及机房系统等。

楼宇自控系统采用直接数字控制技术，对空调系统、新风系统、车库照明系统等进行运行状态监视。

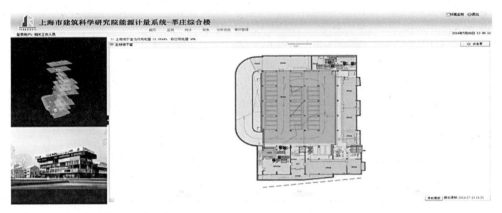

图 2-3-31　能耗监测系统主界面

图 2-3-32　能耗监测系统月报界面

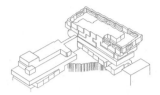

第 3 章
性能篇

数据·运行之魂

在新型城镇化、生态文明建设的背景下，绿色建筑从设计端向运营端延伸，逐步贯穿规划、设计、建造、竣工调试直至运营全过程。展望未来发展趋势，绿色建筑从完善性能化设计到开展基于大数据的运行实效分析，已经成为行业共识。

本章节，作者将把绿色建筑的时间轴从设计拉伸到运行端，以使用者和管理者的双重视角，客观地审视一座绿色建筑的性能表现，以大量的实测数据和横向对比，与读者进行交流探讨。

3.1 绿色建筑后评估概述

3.1.1 建筑的"绿色生命线"

莘庄综合楼项目从 2008 年启动，历经设计阶段、建设阶段、调试阶段，于 2010 年 5 月建成投入使用。运行期间，项目系统开展了室内环境参数主客观测评以及建筑物能源性能监测与运行优化，对雨水系统、室外景观等进行了优化升级，并逐渐建立完善了物业节能运行管理制度。

2014 年 10 月，莘庄综合楼通过了住房城乡建设部组织的现场评审，获得了绿色建筑三星级运营标识证书和牌匾，成为上海市第七个获此殊荣的项目。在此之前，上海市获得三星级绿色建筑运营标识的六个项目中，有五个都由上海建科院的顾问团队提供了技术支撑。从最早的绿色建筑引领者，到大数据时代绿色建筑运行能效的探索者，经年累月的数据积累，摸爬滚打的经验提升，一支年轻的队伍在实践中经历风雨，不断成长。这些累积和收获，都在莘庄综合楼项目的绿色运行中得到了应用和体现（图 3-1-1）。

3.1.2 基于 POE 的评估方法

目前对于绿色建筑的后评估尚未形成统一的方法论，较多的科研机构都采用 POE（Post Occupancy Evaluation）为使用后评价或使用状况进行评估。

图 3-1-1 项目的绿色生命线

使用后评价主要是对建筑及环境在其建成并使用一段时间后，应用社会学、人类学、行为学、心理学、社会心理学等人文学科以及数学、统计学等技术性学科和建筑学、城市规划学等进行交叉研究的方法，对建筑物及环境进行的一套系统的、严格的评价程序和方法，并通过对建筑和环境设计的预期目的与实际使用情况进行比较，以期得出建筑及环境的使用后情况及其绩效（performance），从而提出反馈意见和标准，为将来建成更好的建筑和环境提供可靠的依据。Preiser 等人在其著作《使用后评价》中定义：POE 是在建筑建造和使用一段时间后，对建筑进行系统的严格评价过程。POE 主要关注建筑使用者的需求、建筑的设计成败和建成后建筑的性能。

可以看出，POE 的着眼点在于建筑是否达到了原先的设计目标，是否满足使用者的需求，简化来说，可以从"建筑"和"人"两个方面，采用客观性能和主观评测两种方法，对建筑物进行后评估。

3.1.3　莘庄综合楼的后评估简述

莘庄综合楼项目在运营阶段的 POE 评价方法主要基于物理环境参数的测试、办公人员的主观问卷调查和数据对比分析等方法展开，聚焦于研究本项目在运行阶段能源资源综合消耗和环境负荷、建筑景观生态系统综合效益、室内环境综合品质、建筑使用功能的评估方法，为持续优化运行提供技术支撑（图 3-1-2）。

关注点之一：建筑室内物理环境参数监测和人员满意度分析。一方面，通过建立室内环境参数实时监测和信息发布系统，实现了对典型房间温度、湿度、CO_2 浓度、VOC 浓度、照度、噪声等参数的不间断持续监测，将实时数据和历史数据，生成运行报表提供给大楼运行管理团队。另一方面，开展了冬季、过渡季和夏季的声、光、热等物理参数跟踪测评和使用者问卷调研，通过对不同功能区域的传感器布置和数据采集，对客观参数和人员主观满意度的相关性进行研究，辅助绿色建筑性能的达标性判定。

关注点之二：建筑物运行能耗和用能行为模式分析。一方面，通过建立大楼建筑用能分项监测系统，可实现逐日、逐月、逐年的总量和分项统计，并对历史数据进行存储和对比。另一方面，通过对办公人员的用能行为模式的跟踪记录，对建筑物的

图 3-1-2　本项目 POE 评估框架

运行能耗和用能模式的相关性进行分析，寻求通过合理的用能模式提升建筑能效提升的空间。

3.2 建筑物综合能耗

影响办公建筑运行能耗的因素很多，如气象参数、建筑使用情况、建筑围护结构状况、设备系统形式、运行控制策略、参数设定值和使用者行为等。本节主要由建筑概况、用能系统情况和使用者行为习惯、建筑能耗分析等方面构成。莘庄综合楼作为自用办公楼消耗的能源主要是电力，其中主楼主要用于空调、照明、办公设备等，附楼还用于实验仪器和设备用房等。

3.2.1 上海地区办公建筑能耗水平现状

通常，办公类建筑消耗的能源除了电力以外还有燃气、燃油等，在对建筑进行能源审计的时候，需要折算为一次能源消耗。一般而言，办公建筑能源消耗以电力为主，其次是天然气。电力消耗主要包括照明、空调、动力、办公用电及其他，其中照明能耗包括办公区域照明、会议室以及公共区域照明，空调能耗包括空调主机、冷冻冷却水泵、冷却塔以及空调末端，动力能耗包括电梯、消防泵和排水泵等。

根据上海市国家机关办公建筑和大型公共建筑能耗监测信息平台的统计数据，到 2014 年 12 月底，上海市累计共有 951 栋建筑已经完成能耗监测装置的安装并实现了与市级平台的数据联网，覆盖建筑面积达 4248 万 m^2，其中国家机关办公建筑 105 栋，覆盖建筑面积约 195 万 m^2，大型办公建筑 312 栋，覆盖建筑面积 1599 万 m^2，情况见表 3-2-1。

纳入平台监测的上述办公建筑，其建筑面积主要分布于 10000～20000m^2 区间，占样本总数的 33%；其次是 20000～40000 m^2 区间，占样本总数的 28%。2013 年至2014 年的本市机关办公建筑和大型办公建筑平均单位面积电耗如图 3-2-1 所示，可见，机关办公建筑的用能水平总体略低于商业办公建筑。在夏季高温日创历史最高水平的2013 年，商业办公建筑的单位面积平均耗电量为 112kWh/m^2，机关办公楼的单位面

上海市国家机关办公建筑和大型公共建筑监测对象情况（截至 2014.12）表 3-2-1

序号	建筑类型	数量（栋）	数量占比（%）	面积（m^2）	面积平均值（m^2）
1	机关办公建筑	105	11.0	1947878	18551
2	大型办公建筑	312	32.8	14044577	45015
合计		417	—	15992455	—

积平均耗电量为 92kWh/m²；在夏季平均温度较低的 2014 年，商业办公建筑的单位面积平均耗电量为 89kWh/m²，机关办公楼的单位面积平均耗电量为 82kWh/m²。

依据平台数据，进一步对办公建筑用能特征进行分析。根据监测平台的分项设计，各楼栋的计量中包括空调用电、动力用电、照明插座和特殊用电，其中照明插座耗电未单独计量。我们选取有效数据较为完整、具有典型意义的 10 栋大型办公建筑的电耗构成及逐月电耗数据分析，结果见图 3-2-2 ～图 3-2-4。

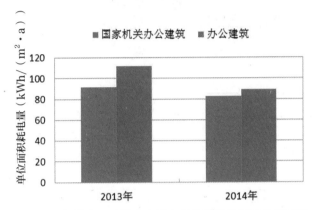

图 3-2-1　机关办公建筑和大型办公建筑单位面积电耗对比

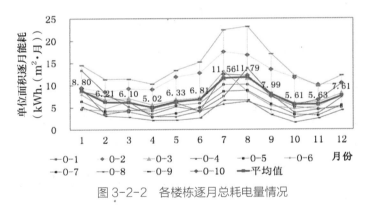

图 3-2-2　各楼栋逐月总耗电量情况

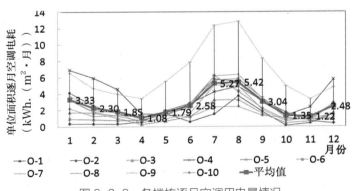

图 3-2-3　各楼栋逐月空调用电量情况

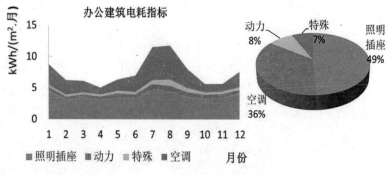

图 3-2-4　办公建筑逐月和全年的能耗拆分

由图 3-2-4 可知，办公建筑电耗中，照明插座和空调电耗占 80% 以上，从逐月电耗分析来看，除空调电耗外其他照明插座、动力和特殊电耗逐月波动不大。部分建筑在供电线路回路设计时将空调末端用电接入照明插座电路中，导致照明插座用电整体在夏季呈现高峰。

3.2.2 本项目建筑用能特征

1. 建筑用能区域及系统

莘庄综合楼建筑面积为 9992 m^2，其中，地上部分主楼 4573 m^2，附楼 2402 m^2，地下部分 3017 m^2，包括办公主楼和科研研究附楼以及地下车库及其配套用房。主楼地上有 7 层，地下 1 层，包括一般办公和会议功能；附楼地上 4 层、地下 1 层，包括节能、声学等专业研究室；地下车库还包括配电房、水泵房等配套用房。各楼层的使用功能配置见表 3-2-2。

莘庄综合楼建筑功能情况　　　　　　　　　表 3-2-2

楼层	建筑功能
地下一层	办公实验区域
	地下车库
	配电室，风机房，泵房，弱电机房
	电梯厅，其他公共区域（走道、车道、楼梯等）
主楼一层	办公区域
	大会议室
	电梯厅，大厅，多功能厅，设备用房，其他公共区域

续表

楼层	建筑功能
主楼二～七层	办公区域（含休闲露台）
	设备用房，电梯厅（含电梯井道），其他公共区域
主楼七层	办公区域（含休闲露台）
	设备用房，电梯厅（含电梯井道），其他公共区域
附楼一～四层	实验室
	设备用房、电梯厅（含电梯井道）、其他公共区域（走道、楼梯）

建筑物的主要用能设备及系统包括多联式空调系统和独立新风系统、照明和电梯以及插座用电。

（1）空调系统设计情况

根据使用性质的差异，建筑功能设计中将办公区和实验区通过主楼和附楼的形式进行了分离，这也为空调系统的合理设计和高效运行创造了前提条件。空调系统设计中，主楼采用集中空调系统，附楼则根据实际需求安装分体式空调器，最大限度地降低了能源浪费。

主楼的室内负荷和新风负荷分开处理。室内冷热负荷由地源热泵 VRV 系统解决，将变制冷剂流量多联空调机组和室外地埋管系统相结合。每层为一个空调分区，设置一套 VRV 机组。室外侧采用地埋管冷却水系统，由分集水器连接循环泵送入各层 VRV 主机，冷却水系统采用二次泵系统。室内按办公空间的划分设置空调末端，末端机组采用冷媒直接蒸发式风机盘管。这种设计可将常规 VRV 机组的灵活性和地埋管换热的高效性相结合，调节灵活，部分负荷效率高，适合工作时间不同的各部门混合办公的特点提高了整个设备系统的能效比。

地埋管采用单 U 管，共 100 孔，在结构工程桩的间隙菱形布置，竖直地埋管孔深 70m。夏季土壤换热器每米井深散热量为 46W，冬季土壤换热器每米井深取热量为 39W。考虑到系统运行和管理需要，地埋管系统按每 4 孔并联同程式设置为 1 组，共分为 25 组，每 5 组设一套分集水器，系统共设置分水器和集水器各 5 台。实际运营中可实现根据负荷变换调节地埋管换热量，也保障了运行的安全可靠。另外设置了一台 65t/h 的冷却塔作为夏季调峰使用。

新风处理采用溶液调湿全热回收型新风机组，相比于传统的转轮热回收，具备节能高效、形式灵活的特点，并且可避免新排风之间的交叉污染，由于自带冷热源，也可在过渡季单独运行。新风从室外引入，先与排风进行全热交换，再由新风机组处理后送入室内。新风机组位于一、四、七层空调机房内，分别供应地下一层和一层新风、二～四层新风、五～七层新风。

（2）照明及电梯系统设计情况

办公区域采用节能荧光灯，保证工作台照度。走廊、厕所等公共区域采用一般照明，选用感应式节能灯具，并根据天然采光分析结果合理确定照明功率密度。实行照明用电分层计量，即时监控，时程控制。

设计普通办公室水平工作面的平均照度不低于 300 lx，高级办公室平均照度不低于 500 lx，对应的照明功率密度值分别为 $9W/m^2$ 和 $15\ W/m^2$。有电脑屏幕的作业环境，屏幕上的垂直照度不应大于 150 lx。灯具排布与窗位方向平行布置，根据侧窗天然采光情况实现对照明灯具的逐排开关控制。

会议室照度不低于 300 lx，对应的照明功率密度值分别为 $9W/m^2$。门厅地面照度不低于 75 lx，其中前台工作面照度不低于 300 lx。门厅、电梯大堂和走廊等场所，采用夜间定时降低照度的自动调光装置。

在充分利用天然光提高室内照度的情况下，人工照明仅起到辅助性作用，因此各主要功能区均将照明功率密度值控制在目标值内，以降低照明部分的能耗。

综合楼的电梯配置较为简单，共计设有 1 部客梯、1 部货梯共两台电梯，分别安装于主楼和附楼内。主、附楼电梯用电的配电箱分别设置在各自楼内的七层和五层。

2. 系统全年运行策略

空调系统的运行策略制定需要考虑夏季和冬季的不同负荷率情况下的机组启停方式，同时也要在过渡季优先使用免费冷源，从而降低空调系统开启小时数。

（1）夏季运行策略

5月上旬至中下旬，当室外温湿度条件有利时，采用开启外窗的方式利用自然通风消除室内余热，室外静风、微风情况或室外温湿度已超过舒适度情况时，办公区开启吊扇，通过强化自然通风的方式增强室内对流换热的效果。6月～9月下旬为空调季，关闭外窗并放下双层窗的遮阳系统，控制进入室内的得热量。夏季空调系统有两种运行策略：① 当空调负荷逐步增加，但未达到设计最大负荷的50%时，仅开启溶液调湿新风机组供冷，同时开启吊扇，以混合通风方式提高人员热舒适满意度；② 当空调负荷继续增加，超过设计最大负荷的50%时，以溶液调湿新风机组和多联机联合供冷。

在水源多联机开启运行的时间内，通过监测冷却水供回水温度的变化，确定采用冷却塔环路还是地埋管环路。供冷期的初期和末期，当室外温度较低，优先启用冷却塔环路；随着室外气温升高，当冷却水供水温度超过30℃，则调整阀门开启模式，切换至地埋管环路。在地埋管运行期间，根据供水温度调整分集水器的开启的分组数量，从而节省地埋管侧循环水泵的运行能耗。

（2）冬季运行策略

11月上旬至次年3月上旬为空调采暖季，运行策略与夏季相似，分为低负荷和高负荷两种模式：当采暖负荷较低时，仅开启溶液调湿新风机组供热；当采暖负荷较大，开启多联机联合供热，在水源多联机开启运行的时间内，通过监测地埋管侧供回水温度的变化，调整分集水器的开启数量，从而节省地埋管侧循环水泵的运行能耗。

3.2.3　实际运行能耗分析

1. 建筑总用电量情况

　　莘庄综合楼 2011 年至 2013 年的三年建筑物总用电量约为 165 万 kWh。其中，2011 年全年总用电量为 54.7 万 kWh，单位面积年电耗为 54.77 kWh/(m² · a)；2012 年总用电量为 60.1 万 kWh，单位面积年电耗为 60.26 kWh/(m² · a)；2013 年总用电量为 50.2 万 kWh，单位面积年电耗为 50.28 kWh/(m² · a)（图 3-2-5、图 3-2-6）。

　　2012 年比 2011 年平均用电量上涨幅度为 10%，其中主楼用电量涨幅为 14%，主要是由于伴随着入住人数的增加带来了负荷的逐步增长。2013 年与 2012 年相比，入住员工数量已经趋于稳定，因此建筑用电量的变化主要由于天气变化、物业管理能效、员工行为节能等因素引起。

　　根据对 2011 ～ 2013 年三年的逐月能耗数据进行分析，可以看出，本项目夏季时段（6 月、7 月、8 月）的单月用电量最高，其次是冬季时段（11 月、12 月、1 月），过渡季能耗显著较低。整栋楼的分析结果见图 3-2-7，主楼和附楼的统计数据分别汇总于图 3-2-8 和图 3-2-9。

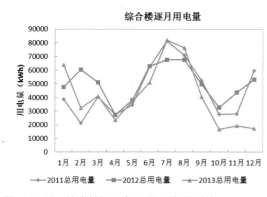

图 3-2-5　综合楼近三年逐月用电量对比

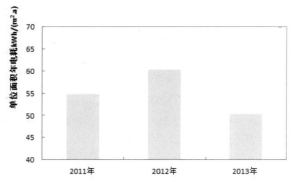

图 3-2-6　综合楼近年单位面积年电耗

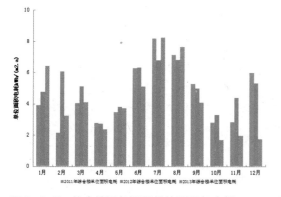

图 3-2-7　综合楼近年逐月单位面积年电耗

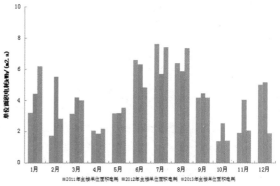

图 3-2-8　主楼部分近三年逐月单位面积年电耗

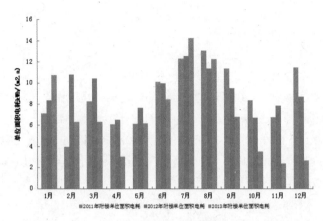

图 3-2-9　附楼部分近三年逐月单位面积年电耗

2011 年和 2012 年相比，逐月的用电情况有较大差异。2011 年 2 月为当年最低用电月，主要是因为春节放假，而 2012 年 2 月恰好是春节结束且月平均温度低于 5℃以下，供暖需求较大。同样的，由于 2012 年 11 月的平均气温较低，用电量比 2011 年也有显著增长，季节因素对综合楼全年电耗有明显影响。但是 2011 年夏季用电量远高于 2012 年并非气候因素，主要是 2011 年空调新风机组运行曾经出现短时间的运行故障，运行效率较低，经过检修和管道清洗恢复正常工作。

2. 用电分项拆分情况

用能监测系统对莘庄综合楼各用能设备分别安装计量表，计量照明、插座、空调、动力和特殊用电。表 3-2-3 是综合楼主楼用电分项的统计结果，将结果绘制成饼图，见图 3-2-10。扩展分析从 2011 年至 2013 年的逐月分项用电数据，得到了如图 3-2-11 所示的柱状图。

由用电分项统计结果可见，空调系统分项用电所占比例最大，约占 56%。其次插座、照明和动力所占比例均等。电梯用电消耗比较小。由此可见，综合楼用电量主要消耗在空调系统。此外空调、照明和插座的用电比例逐年增长，这与入住率的逐渐增加有直接关系，再加上夏季遭遇极端高温天气，导致 2013 年比 2011 年的空调用电量增长 25%。

综合楼主楼近三年用电分项拆分表　　　　　　　　　　　　　　表 3-2-3

用电分项	照明	插座	空调	动力	电梯
用电量（kWh）	128707	185343	683854	165304	44363
单位面积电耗（kWh/(m²·a)）	5.57	8.02	29.58	7.15	1.92

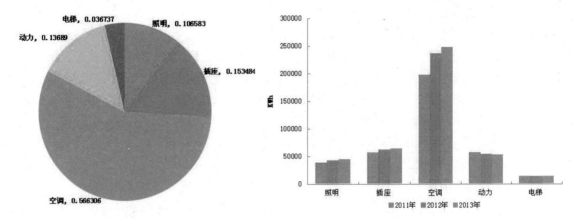

图 3-2-10　综合楼主楼用电分项占比　　　　图 3-2-11　综合楼主楼年用电分项数据对比

3. 办公建筑能效对比

在与同类型办公建筑的能耗数据对比时，选取的有效数据采集时段是达到设计人员负荷之后的 2012 年全年数据。

2012 年，综合楼全年的建筑总用电量为 601324 kWh，平均单位建筑面积的用电量为 60.26 kWh/(m²·a)。换算成标准煤之后，则建筑物的综合能耗为 18.08 kgce/(m²·a)，该数值略低于设计阶段的建筑能耗模拟计算结果。

参考上海市机关办公建筑类型，与《上海市机关办公楼合理用能指南》DB31/T 550—2011 的指标要求以及《民用建筑能耗标准》报批稿中的夏热冬冷地区办公建筑的用能指标进行了对比。

《上海市机关办公楼合理用能指南》DB31/T 550—2011 中，提出了合理值指标，其中规定建筑面积大于 2 万 m² 且采用分体空调形式的机关办公建筑，其单位建筑面积年综合能耗指标为 36kgce/(m²·a)；采用集中空调形式的机关办公建筑，其单位建筑面积年综合能耗指标为 38kgce/(m²·a)。建筑面积小于 2 万 m² 且采用分体空调形式的机关办公建筑，其单位建筑面积年综合能耗指标为 32kgce/(m²·a)；采用集中空调形式的机关办公建筑，其单位建筑面积年综合能耗指标为 34kgce/(m²·a)。

《民用建筑能耗标准》报批稿中对不同热工分区的建筑使用能耗设定了指标限值，分为约束性指标和引导性指标值两档。其中，夏热冬冷地区办公建筑的约束性能耗指标为 27.0 kgce/(m²·a)，引导性指标值为 19.5 kgce/(m²·a)。

根据莘庄综合楼的运行能耗情况，均优于上述限值指标，并可以满足《民用建筑能耗标准》中的引导性指标值，在建筑能耗目标方面，基本达到了设计预期。

汇总对比 2011 ～ 2013 年的各年实际数据，发现该建筑物实际运行能耗较低的若干原因如下：

（1）入住率影响：员工的入住率直接影响到建筑的负荷率。回顾近三年能耗数据，2012 年比 2011 年平均用电量上涨幅度为 10%，其中主楼用电量涨幅为 14%，主要是由于在投入使用的第一年，各部门均未达到满员，第二年开始随着工作人数的增加，建筑负荷率趋近于设计工况。

（2）外界气象条件：在过去的三年中，2012年冬季的平均气温低于历史平均值，用电量比2011年同期有显著增长；2013年又遭遇了历史最热的一个夏天，因此空调用电量显著增加。可以看到气候因素对综合楼全年电耗有明显影响。但是2011夏季用电量高于2012年也有着特殊原因，主要是2011年项目空调新风机组运行出现故障，导致阶段性的运行效率降低。

（3）运行管理水平：建筑物投入使用开始的前两年，物业管理部门对设备系统处于逐渐熟悉和经验积累的过程中，逐渐减少了新风机组、空调主机的故障率。通过不同季节运行工况的系统切换，在保障正常运行的同时也提高了系统效率。

（4）员工行为节能：作为企业自用办公楼，建筑在运行期间强调行为节能对建筑最终能耗的作用，在开关处和空调面板处张贴节能标签，鼓励3层以内步行上下楼等措施，非工作时间人走灯灭，过渡季优先开启吊扇以减少空调启用时间等，对运行降耗起到明显作用。

3.2.4 雨水系统效益分析

项目在2013年底～2014年初，将原生态楼的生态景观水池改造为埋地式钢筋混凝土雨水蓄水池和清水池，上覆绿植景观。改造后的雨水蓄水池容量达到了150m³，通过在雨水排水总管进行截流，实现对整个园区的屋面和道路的雨水收集和径流控制。

处理后的雨水用于园区绿化浇洒、生态楼和综合楼冲厕。对于综合楼可以满足三星节水部分要求，同时也可以兼顾园区的发展和用水需求。将原有中水设备拆除后，利用原有机房新建一套雨水收集回用系统，处理量为5t/h。

2014年3月，该雨水处理系统经过调试后正式投入使用。将莘庄综合楼2013年和2014年的逐月自来水用水量进行对比，可以看到雨水系统的使用给项目带来了十分可观的节水效益，详见图3-2-12。尤其以降水丰沛的8月和9月为例，自来水用量分别减少了68.0%和80.5%。

2014年全年自来水用水量与2013年相比，共计减少2160m³，体现了十分明显的节水效益。

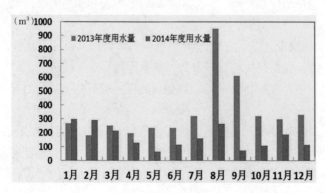

图3-2-12 综合楼雨水系统改造前后的逐月用水量对比

3.3 室内环境质量

　　综合楼设置了室内环境参数监测与发布系统，通过对室内环境参数的实时监测，全面了解室内环境状况；通过实施室内环境进程化管理策略，提升室内环境管理水平。选择五楼作为典型监测对象，监测的参数包括 CO_2 浓度、温湿度、照度等，并在特定位置布置人体红外感应器。在门厅处实时发布室内外环境信息，并在参观流线上设置若干互动式信息发布点。

3.3.1 室内环境监测

1. 室内热湿环境

　　以 2013 年 7 月中旬的一周作为夏季典型周，提取环境监测平台的记录数据进行分析。其中，夏季典型周的实时温度和相对湿度波动曲线分别见图 3-3-1 和图 3-3-2，工作时段各测点的室内温度基本介于 25.4 ～ 29.0℃之间，相对湿度在 42% ～ 55% 之间，基本满足室内舒适度的要求。其中，黄色曲线的测点位于会议室，绿色曲线的测点位于开敞办公区，可以看到，与办公区相比，会议室的温度波动幅度更为明显，这也充分体现了间歇性使用的特征。

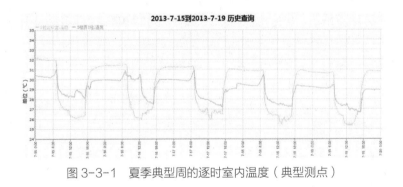

图 3-3-1　夏季典型周的逐时室内温度（典型测点）

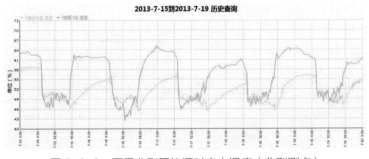

图 3-3-2　夏季典型周的逐时室内湿度（典型测点）

2013 年冬季至 2014 年春季，课题组还开展了室内环境客观参数与人员主观满意度的调查，进一步扩展测试范围，测点布置范围包括开放办公室、小型办公室、会议室、半开放区域（露台）、公共空间（前台）等 7 个不同功能区，对室内温湿度和 CO_2 浓度数据进行连续采集。

对 2 月中旬的冬季典型周工作时间内的各测点温度进行分析，结果如图 3-3-3 所示。其中测点 5 布置在露台，属于室外区域，因此该测点可近似代表室外参数。

结果表明，对于长期使用的开放办公室和小型办公室（测点 2、3、4、6），所有测点的平均温度均在 18℃以上，满足设计标准要求。

会议室（测点 1）冬季与夏季的室内温度变化相似，同样体现了其间歇性使用的特征。该会议室为部门内部使用，平均每天使用时间为 2～3 小时，由于采用了 VRF 末端，可以采用灵活的控制模式，在满足使用时段室内人员热舒适的前提下，达到低能耗运行的效果。由实测数据可知，该测点在统计时段内的平均温度只有 16.6℃左右，但是在实际使用时段温度为 18.5～23.5℃，可满足室内人员的要求。

前台（测点 7）的室内温度未能满足标准要求，主要原因在于设计工况和使用工况有所偏离。设计时该区域未考虑设置前台，仅作为人员短暂逗留区域进行空调系统设计；运行时由于大堂层高达到 5m，且送风口离前台较远，因此冬季热风无法有效送至前台区域。这也提醒设计者需要充分考虑建筑使用阶段功能变化的适用性。

2. 室内空气品质

图 3-3-4 同样记录的时冬季典型周的各测点室内 CO_2 浓度变化。可以看到，会议室的平均 CO_2 浓度最低，均值为 663ppm，其原因分析和热环境相似，同样源于其间歇性使用的特征；开放办公区由于人员密度较大，其 CO_2 浓度比小办公室更高。但从整体上来看，各区域的 CO_2 浓度均低于 800ppm 的阈值。

3. 室内光环境

图 3-3-5 为人工照明环境下，各测点工作面高度的照度值。其中横线代表的是《建

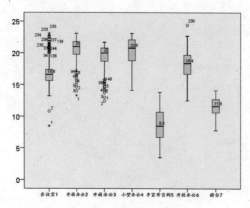

图 3-3-3　冬季典型周各测点温度统计分析

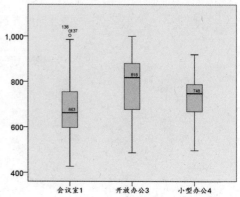

图 3-3-4　冬季典型周各测点 CO_2 浓度分析

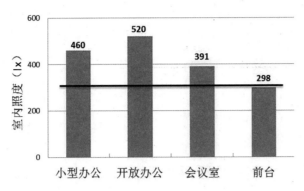

图 3-3-5　冬季典型周各测点工作面照度

筑采光设计标准》中对应于各功能空间的标准值要求。可以看到，前台照度实测值为298lx，略低于标准要求，但处于偏差 10% 的允许范围内；其余区域都达到或超过了设计照度要求（图 3-3-5）。

4. 室内声环境

建筑室内的背景噪声，应符合现行国家标准《民用建筑隔声设计规范》GB50118—2010 的要求，良好的声学环境是保障员工专注力、提升工作效率的必要条件，也是作为绿色建筑环境性能的重要组成部分。

莘庄综合楼在运营期间，对办公区和会议室的室内背景噪声进行了抽样检测。由于各层平面布局基本相似，且空调风口末端型号相同，幕墙玻璃隔声性能也一致，因此抽样的房间共计四个，包括首层的大会议室、五楼的小会议室、三楼的小办公室和六楼的开敞办公室。室内噪声检测结果见表 3-3-1。

由上表可知，抽样的各办公室、会议室的背景噪声均达到了《民用建筑隔声设计规范》GB50118—2010 规定的室内噪声低限标准。

除了基本的抽样检测之外，课题组也设置了自记式仪器，在开放办公室、小型办公室、会议室、半开放区域（露台）、公共空间（前台）等 7 个不同功能区，对噪声值进行了连续监测和数据采集。统计结果见图 3-3-6，表明开放办公室和小型办公室的室

室内各测点的背景噪声测试结果　　　　　　　　　　　　　表 3-3-1

室内噪声　dB（A）			
测点	噪声值	低限标准	高要求标准
一楼会议室	41.0	45	40
三楼会议室	39.8	45	40
五楼会议室	42.0	45	40
六楼会议室	40.0	45	40

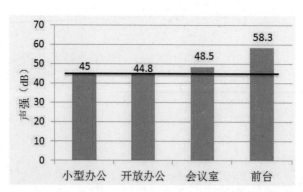

图 3-3-6　冬季典型周各测点噪声

内噪声峰值也可达到国家标准的限值要求,会议室略有超标,前台超标情况相对严重,可能的原因包括空调风口噪声、计算机等设备工作噪声和往来人员的交谈声等。

3.3.2 用户满意度调研

建筑的最终目的是为人所用,实现基本的功能需求,使用户满意。为此,通过向大楼内的工作人员发放满意度调研问卷,进行人员主观满意度的调查评估。

调查共收到 63 份有效问卷,统计分析后发现,无论冬季、夏季还是过渡季,大楼使用者对室内热环境、光环境、声环境、空气品质等各方面的满意度均处于较高的水平,整体满意度达到 +0.35(+ 表示满意、- 表示不满意)。

各项指标的分析结果如图 3-3-7 所示。

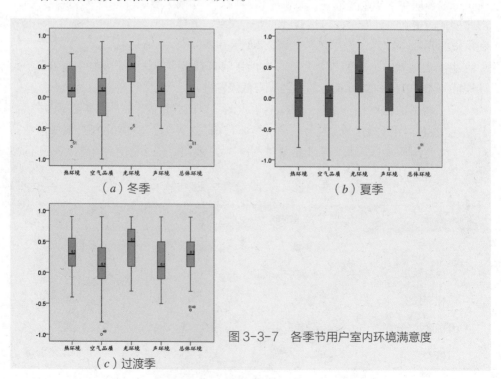

（a）冬季　　（b）夏季　　（c）过渡季

图 3-3-7　各季节用户室内环境满意度

3.4 行为节能潜力

从实际调研情况来看，同类型的办公建筑实际运行能耗往往相差悬殊，除了围护结构和设备系统的差异之外，人的因素不可忽视。因此，课题组与清华大学住建部科技与产业化发展中心合作，对莘庄综合楼实际运行期间的用户行为模式展开了系统研究，主要包括以下几个方面：

1. 照明使用行为研究：分析在满足基本照度要求的基础上，采取不同行为控制模式对办公建筑照明能耗的影响，由此提出一套适用于大楼的最佳照明控制策略。

2. 开窗行为模式研究：探究人员开窗模型及影响开窗频次因素的规律，建立人体热舒适度（PMV）与开关窗行为的联系，提出适宜于本建筑的最佳开窗模式以及相匹配的空调运行模式。

3.4.1 采样信息

选取对建筑运行能耗影响最为显著的夏季工况，开展了员工行为模式和节能相关性的专题研究，调研时间为 2014 年 6 月至 8 月。选取了主楼六层为重点测试楼层，将布局相似的五层作为参照楼层。

测试基本信息包括办公人员情况和天气情况。

办公人员男女比例基本为 1:1（如下图 3-4-1 所示），该办公楼内员工基本上是年轻人居多（如图 3-4-2 所示），占比 81%，其中 45 岁以上的很少、仅占比为 3%，该单位员工趋于年轻化，办公人员的办公位置靠窗占比为 45%（如图 3-4-3 所示），布置较为合理，考虑到充分利用室外的自然采光来满足办公人员的工作面照度需求，缩短了开灯的时间，进而可在一定程度上节约照明能耗。

图 3-4-4 ～图 3-4-6 统计了办公人员的着装情况，上衣之中穿休闲外套的人员占

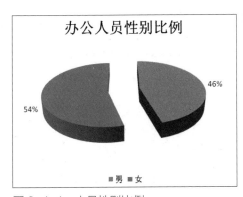

图 3-4-1　人员性别比例

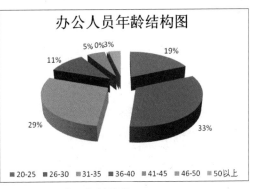

图 3-4-2　人员年龄结构

多数，下装之中穿长外裤的人员占多数，此外，鞋袜穿着以穿短袜和皮鞋、运动鞋的人员为主。测试期间天气较多为阴雨天，温度在 25℃左右，可以看出人们的衣着情况与当时测试期间的天气状况相吻合。其中，休闲外套的衣服热阻值为 0.25clo；长外裤的热阻值为 0.2clo；袜子和鞋子热阻值为 0.1clo 和 0.04clo，这些衣服热阻值基本上是一个定值，基本上不会因为衣服的原因来调节窗户的开关，所以对窗户开关的影响因素分析时，人员着装的影响基本可以忽略。

测试期间的天气情况统计如图 3-4-7 所示。

3.4.2 照明行为节能分析

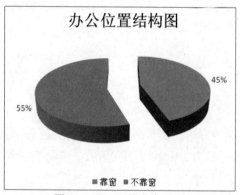

图 3-4-3　工位分布

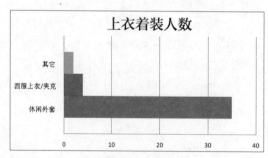

图 3-4-4　人员上衣着装情况

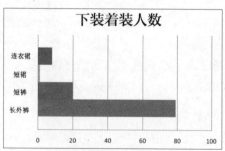

图 3-4-5　人员下装着装情况

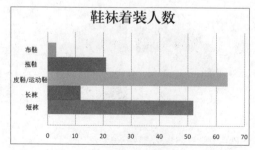

图 3-4-6　人员鞋袜着装情况

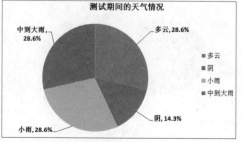

图 3-4-7　测试期间天气情况统计

通过对综合楼五层和六层照明的数据分析，我们可以分别从办公人员办公与开关灯状态、室外照度和室内工作面照度与办公人员控制开关灯行为的关系分析建筑物是否存在节能潜力和可优化的节能方案，并找出实际可行的控制方法及节能状况。

1. 人员开关灯习惯测试

对于照明节能的测试，主要采用人工实测的方式进行，测试对象主要是主楼的五层和六层，测试时间是每天的 8:30、9:00、10:30、11:30、12:30、13:30、15:00、16:30、17:00。测试前期，首先依据办公区域的灯具布局设计进行测点编号，在每个测点编号周边区域内进行照度、灯具开关、人员流动的统计，测试期间并对五层和六层工作人员进行了照明相关的调研。

图 3-4-8　摄像头记录人员流动图

图 3-4-9　便携式照度测量仪

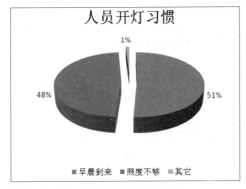
图 3-4-10　室内人员开灯习惯

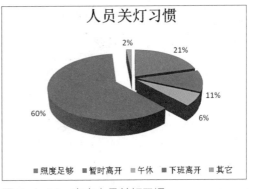
图 3-4-11　室内人员关灯习惯

研究室内人员的开关灯习惯和室内照度的关系，结果见图 3-4-10 和 3-4-11。

由图 3-4-10 可以看出，有大约 51% 的人员会在早晨到来时进行开灯，另有 48% 的人员会在比较暗的情况下进行开灯。图 3-4-11 中可以看出，约 21% 的人员会在照度足够的情况下选择关灯，而 60% 的人员会在下班离开时选择关灯。各区域的灯具开关旁设置了节电提醒标牌，时刻提醒人员离开要随时关灯以节约能源。

进一步地，研究了人员在位情况和开光灯的相关性，结果见图 3-4.12 所示。根据调研样本，统计阶段内有 59% 的员工在位，其中开灯比例 50%，关灯比例 9%；41% 的员工不在工位，灯的开启率在 17%，关灯比例为 24%。总计办公区的开灯率为 67%，考虑到这段时期外界天气以阴雨天气占多数，总体开灯情况较为正常，体现了一定的行为节能意识。然而，对于人员离开工位的情况，开灯率仍然达到了 41%，可见仍然存在一定的节能潜力和控制优化方案。

为进一步分析可节约电能的状况和可优化的节能控制方案，研究人员选取四个时间段分别分析各个时间段内的灯的开启状态，并找出实际可行的控制方法及节能状况。

图 3-4-13 分别统计了上午 9 点、11 点和下午 13 点、16 点四个时间段内的工作人员在位状态和各工位对应灯的开关状态，可以看出相应的人员在位状态依次为 58%、56%、29%、54%。13 点对应的时间段里人员办公占比仅为其余时间段里的一半，是因为此时间段是办公人员的午休和吃饭时间；四个时间段里相应的总的开灯比例依此为 68%、68%、70%、63%，有人工位的开灯率为 49%、46%、12%、47%，无人工位的开灯率为 19%、22%、58%、16%，特别是在 13 点时办公人员只占 29% 的情况下，灯的开启率在 70%。考虑到办公区的灯具控制为线性和分区控制，可以实现局部开关

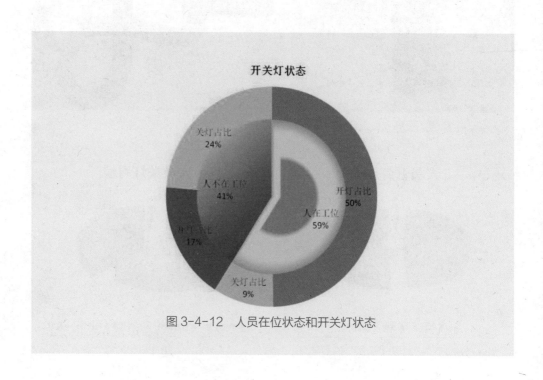

图 3-4-12　人员在位状态和开关灯状态

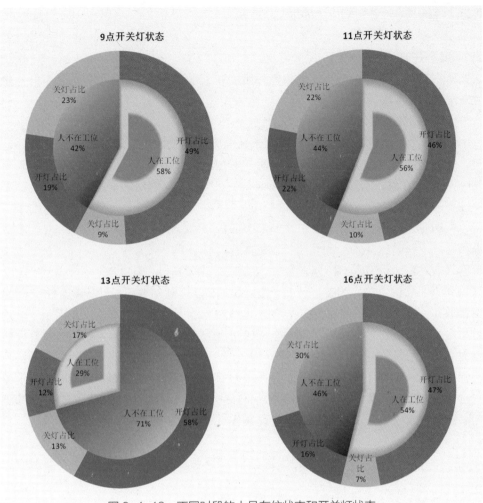

图 3-4-13　不同时段的人员在位状态和开关灯状态

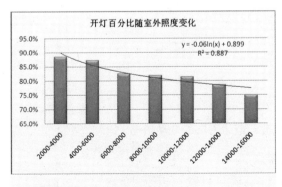

图 3-4-14　室外照度与开灯百分比关系图

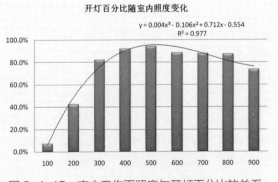

图 3-4-15　室内工作面照度与开灯百分比的关系

控制，因此，可以确定对应的优化控制方案。

2. 照度与开关灯状况的关系

通过对测试数据的分析，寻找室外照度和工作面照度与开灯动作的关系，并建立对应的拟合函数。

（1）室外照度与开灯动作

图 3-4-14 可以看出，人员开灯比例随着室外照度的提高整体呈现出下降的趋势，在室外照度为 14000～16000lx 时，室内开灯率在 75%，当室外照度降低到 2000～4000lx 时，室内开灯率达到了 87%，可见在天气阴暗的情况下，达到工作面照度要求，人们普遍会选择开灯办公。

对数据进行拟合分析，建立了 $y=-0.06\ln(x)+0.899$，$R^2=0.887$。其中，x 代表室外照度，y 代表开灯比例。

（2）工作面照度与开灯动作

本办公楼的办公室为普通性办公室，所以依据《建筑照明设计标准》GB 50034 中普通办公室工作面照度为 300lx。图 3-4-15 显示，人员办公时满足工作面照度灯开启率在 82%，随着工作面照度的增加开灯百分比基本维持在 90% 左右，但在室内照度在 900lx 时，室内开灯百分比下降至 72%，可以看出办公人员对工作面照度的接受范围在 300～800lx，但随着照度的增加开灯率并没有较大的提高，而是随着照度增加略有上升后有下降，并且照度继续增加可能会影响人员的工作效率，所以理想的照度满意度应该在 300～400lx。这里建议办公工作面照度在 300～400lx。

3.4.3 开窗行为节能分析

通过对办公楼五层和六层开窗的数据分析，结合对办公人员的习惯调研，首先找出影响办公人员开窗的影响因素，然后对开窗影响较大的因素作 Logistic 模型研究，以得出办公楼人员开窗行为的预测模型，寻求开窗行为规律。

1. 人员开窗习惯测试

对于人员开窗行为的测试，主要对五层和六层进行了测点布置，测试参数是人员流动（图 3-4-16）、温湿度（图 3-4-17）、CO_2 浓度（图 3-4-18）和开窗频率（图 3-4-19）。

其中六层布置了六个测点，并且分别对小型办公间放置了三个人员智能感应仪，而四个大开敞办公区则放置了四个摄像头，记录人员的变动情况。五层布置了五个测点并且在其中一个小办公区放置了一个人员智能感应仪，主要测试参数是二氧化碳浓度、人员流动和开窗频率。

对办公人员进行自然通风效果的问卷调研，结果见图 3-4-20 和图 3-4-21，有 54% 的工作人员认为自然通风状况良好，仅有 11% 的工作人员认为不好，这可能与室内人员的办公设备和工位布置有一定的联系。此外，开窗后大部分人员的舒适性要求都可以通过自然通风得以实现，可见综合楼的自然通风设计较好，并且能够有效地通过人员自主开窗进行室内热舒适性调节。

从问卷中也发现，多数员工愿意在早晨上班到来时进行开窗的动作，还有部分

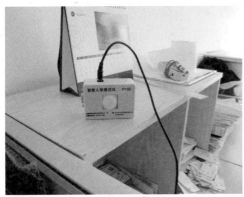
图 3-4-16　智能人体感应仪

图 3-4-17　温湿度测量仪

图 3-4-18　CO_2 测试仪

图 3-4-19　智能位移记录仪

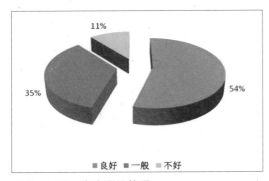
图 3-4-20　室内通风状况

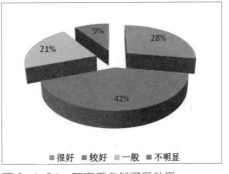
图 3-4-21　开窗后自然通风效果

人员会在闷热或者空调过冷时候会对窗户进行动作来满足室内人员的热舒适性要求，但也有近25%的人员并没有开关窗的习惯，可见人对于室内热舒适是有一定的忍受度，不会轻易采取主动措施改善室内空气品质，见图3-4-22。

2. 过渡季开窗行为优化

图3-4-23中可以看出该建筑室内办公人员对室内环境品质的满意度还是很高的，有高达47%的工作人员对室内空气质量满意，38%的工作人员对此可接受，表明处于舒适状态，仅有15%的人员对此不满意，由此可以看出与该建筑的通风效果的合理性设置是有密切的关联的，建议部分工作人员在过渡季节进行开关窗，以便室内自然通风；在夏季空调季时避免开窗，可开启新风系统以满足人员的空气质量要求。图3-4-24和图3-4-25中办公人员对冷热感和吹风感的满意度比例分别为71%和62%，不仅是空调系统的合理设置，且人员的开关窗行为习惯也增加了室内空气质量，提高人员的舒适性满意度，但还有29%、30%的室内人员会对室内环境产生较热、较冷的感受，建议部分室内人员在空调制冷季可通过调节空调风量大小和新风系统风量来进行综合调节，在过渡季可通过开关窗等行为进行舒适度调节。

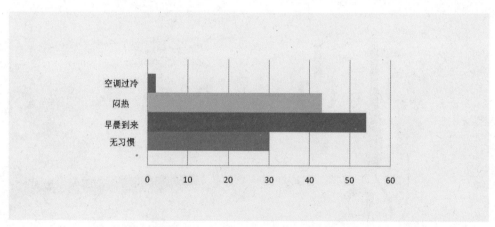

图 3-4-22　个人开窗习惯状况

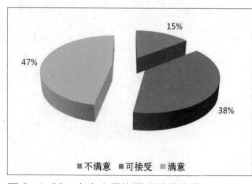

图 3-4-23　室内人员热湿环境满意度

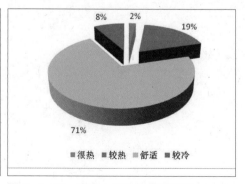

图 3-4-24　室内人员冷热感满意度

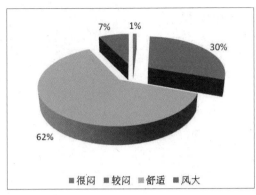

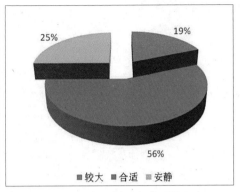

图 3-4-25　室内人员吹风感满意度　　　　图 3-4-26　室内人员噪声感受满意度

第 4 章
发展篇

生态·反哺未来

4.1 园区发展需求

4.1.1 基地开发现状

莘庄科技园区作为建科院在莘庄的总部，园区建筑的建设具有一定的标志性。一期建设的 30 亩地已投入使用，"中国首座绿色建筑示范楼"——上海生态办公示范楼以及莘庄综合楼坐落于其中。目前，二期建设的 38 亩地的规划正在紧张地筹划中。

依据对现有规划资料的分析以及现场实地的调研，根据已建的保留建筑、已建待改建建筑及新建建筑三种类型的不同，将建科院莘庄基地划分为：已建区、改建区、新建区，见图 4-1-1 和图 4-1-2。

已建区：主要包括生态楼、综合楼以及已改造完成的办公楼，按规划任务书要求在后续规划中为保留区域（图 4-1-3）。

改建区：主要包括三号实验楼以及检测收样楼，该片区在后续规划中按照规划要求进行一定的整理改造。

新建区：原废弃厂房全部拆除，后续规划为办公以及实验用地（图 4-1-4）。

图 4-1-1 基地建筑现状

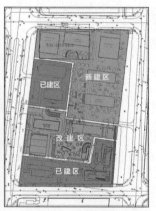

图 4-1-2 现状区块划分图

图 4-1-3 需保留的建筑

图 4-1-4　需拆除的建筑

4.1.2 未来发展需求

二期园区的规划需求，一方面来自于建筑功能的更新与升级，另一方面也来自于员工的内在需求。

1. 物的需求——功能拓展

科技示范。绿色园区的设计要求具有新颖、完整理念及技术体系，包括对于各种产品生产过程的展示、参观体验的活动设计，用于公司产品和技术的推广以及直接向消费者展示产品质量的好坏。建科院莘庄基地除了要满足上述内部需求以外，同时也将为更好的宣传、展示绿色、低碳理念发挥作用，成为上海乃至中国重要的绿色低碳示范基地（图 4-1-5）。

新旧整合。通过中心轴的交往、展示、服务功能联系新旧园区的整体规划布局。南片已建成的一系列绿色建筑项目，将其与北面新建园区进行整合与升级，提升其综合价值与效应，以保持集团在绿色建筑领域的国内领先和世界先进水平。

图 4-1-5　科技示范样板

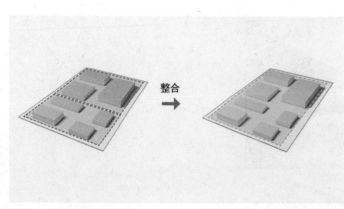

图 4-1-6　新旧园区整合

图 4-1-7　功能完善需求

功能完善。有统一的整体理念和规划方案主导、有完善的技术体系支撑，聚合成集团迎接挑战、延续辉煌的建筑科技示范基地。包括员工生活、工作环境品质的提升以及示范、展示功能的推广。

2. 人的需求——员工满意

对于莘庄基地来说，不同的参与主体有着不同的诉求，这些诉求需要在新一轮的园区规划中进行整合和实现。

从集团层面来说，技术与市场服务综合能力的不断提升或为对园区重新规划并扩大园区范围的主要出发点。

从各业务部门的主管来说，由于更直接面对市场竞争，扩充实力同时需保障工作空间为最大诉求。

从工作其中的普通员工来说，改善办公环境与品质，提高工作效率将成为主要需求点。

3. 存在的问题

根据对园区员工的调研问卷反馈，莘庄园区目前主要存在的问题集中在三个方面：资源利用效率较低、外部环境污染影响及空间开发共享不充分等。

（1）资源综合利用效率较低的问题

虽然区内已建成两栋具有标志性意义的三星级绿色办公建筑，集成示范了多项绿色建筑技术的集成，但目前对能源与水资源的利用仍主要在建筑单体层面，缺乏从整个园区层面对上述资源的系统化、规模化利用。

（2）外部环境源污染影响的问题

由于莘庄基地整体位于闵行区莘庄工业园区腹地，周边化工企业的排放不定期地会对园区的大气环境产生污染，间接影响到小环境质量。

（3）空间共享不充分的问题

园区拥有中央花园，以及建筑单体的屋顶花园，但景观尚未形成休憩交流的核心轴，空间的开放和共享设计不完善，现有景观设施的使用频率较低。

4.1.3 解决途径

根据上述基地概况分析可知，二期园区将与已有园区合并进行整体规划。莘庄基地从生态示范办公楼起步，从生态示范到绿色建筑，再扩展至未来的绿色低碳园区，演绎着由浅绿到深绿再到泛绿时代的绿色低碳理念延续与传承，自我更新，不断演进。

结合上述需求与问题分析可知，对园区功能、资源、环境等多方面来说，绿色低碳的实现路径当以中国传统文化的——"融"字来解决。"融"的含义很多，其中之一为调和、和谐，意思是融合、融汇，既是融合、又是整合，未来的建科院莘庄基地园区必然是新旧园区融合、各类资源整合、室外环境宜人，以及各方需求得到最大满足的绿色低碳园区（图 4-1-9）。

回到实际的设计策略，在城市界面上，针对面向城市的主要界面，打造园区的标志性和独特性，强调建筑群的整体空间形态和关系；在建筑印象上，强调与环境和现有绿色建筑融合的可持续园区，设计充满特征和技术的高品质示范建筑，延续现有示范绿色建筑精神；在特色空间上，创建生态绿色中央轴线，具有多重功能，为工作人员及参观者服务（图 4-1-10）。

图 4-1-8 不同群体的利益诉求

图 4-1-9 融合设计的内涵

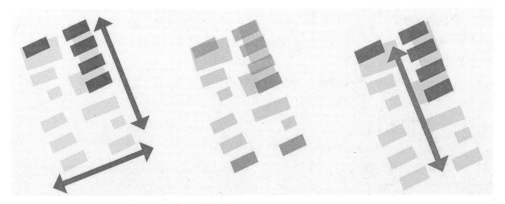

图 4-1-10 城市界面、建筑印象和特色空间

4.2 规划设计理念

4.2.1 总体目标

1. 生态反哺

保护环境如果停留在减少破坏，则自然环境依然在不断被破坏，只是速度被减缓。更积极的应该是对环境做出建设性的贡献，应该是一种本质意义上的"仿生"——如同一棵树、一片森林的生长，在不断消耗资源和能源以扩展自身的同时，对自然环境还做出贡献，而且自身规模越大，贡献越多。莘庄科技园区旨在通过绿色规划设计及一系列生态技术的应用，达到改善环境、反哺自然的效果。

2. 自我更新

在设计初期考虑到产业发展的因素：很多实验功能将在近期内被计算机模拟技术所取代。一些实验室性质的厂房在中短期内的产业功能将消失，这些厂房或将拆除，或将置换为办公、休闲、商业等其他功能。

因此，园区的建筑要具备可变功能特点，同时选用的材料必须是可循环利用的，尽可能减少不可降解成分的使用。从这个目标来衡量，建筑的规划设计必须体现三个要素：功能可变、平面标准化以及易拆装。

4.2.2 设计理念

针对园区使用者多样化的需求归类，未来的莘庄科技园区应该是具有复合功能的"6E"园区。（图 4-2-1）

Eco-Park：生态园区，旨在实现环境反哺。

Enliving-Park：工作园区，旨在为员工营造快乐工作的环境。

Experiment-Park：实验园区，旨在服务产品研发和创新。

Education-Park：教育园区，旨在绿色技术、实验流程等针对青少年的展示。

Experience-Park：体验园区，旨在体验和感知。

Exhibition-Park：展示园区，旨在建筑展示、技术展示、文化展示等。

4.2.3 低碳策划

根据基地资源环境分析，莘庄科技园区要实现"6E"园区设计理念，需以"融"的整合理念，纳入能源节约、绿色建筑、环境健康、资源利用、绿化碳汇、高效运营六大低碳规划要素，从而形成适宜于本园区的低碳规划方案。

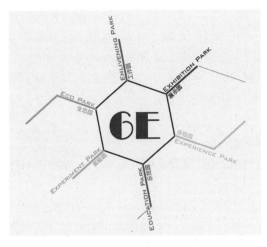

图 4-2-1　"6E"园区

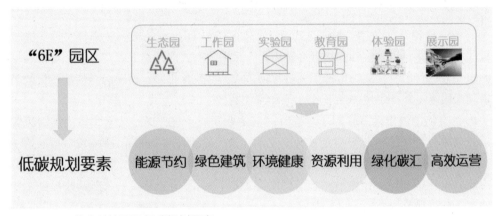

图 4-2-2　莘庄科技园区低碳规划要素

4.3 低碳园区规划

根据上述设计理念与低碳策划，莘庄科技园区将规划设计阶段最重要的低碳能源、绿色建筑、生态环境、水资源利用、景观碳汇等五个方面开展专项规划。

4.3.1 低碳能源规划

1. 规划目标

针对莘庄科技园区的建筑群特点，园区能源规划不仅要满足单体设备功能的，更需要综合考虑能源系统，提供全寿命周期的整套能源服务。通过对园区建筑采用被动式建筑节能技术、选择适宜经济的增效技术、优化的能源结构，构建高效能源利用体系，实现在现有用能基础上减碳 20% 的目标。

2. 规划策略

莘庄科技园区的低碳能源规划策略主要包括三个方面,一是降低社区能源需求,主要技术包括开展需求侧能源规划、提升能源转换效率、提升能源使用效率等;二是充分利用可再生能源,主要包括太阳能、地热能、风能等资源的利用;三是完善能源管理系统,主要包括建立建筑用能定额、建立全面能源监管平台、建立社区节能奖惩制度等(图 4-3-1)。

(1)降低园区能源需求

降低生态社区能源需求的主要策略,包括了开展需求侧能源规划、提升能源转换效率、提升能源使用效率等。

需求侧能源规划:即从需求角度出发,开展生态社区能源资源的有效整合和合理应用,通过改变过去单纯以增加能源资源供给来满足日益增长需求的思维定式,将提高用户端的节能率和能源利用率、降低电力负荷和电力消耗量作为目标,从而实现节约投资和节能减排。

提升能源转换效率:提高能源从生产到消耗中间过程的转换效率是实现节能减排的必由之路,将发电移到接近终端用户,采用分布式能源热电联产系统,可以通过回收发电过程中的排热为生产工艺过程供热或为建筑物供暖,使得综合能源转换效率得到大幅度提升,理想情况下可达到 80% 左右。

提升能源使用效率:对于生态社区的主要同能系统,通过技术手段提高能源的示意效率,带来的节能效益是显而易见的。这些技术主要包括:① 采用自然通风、自然采光等被动设计所减少和节约的能源;② 高照明、空调、电动机及系统、电热、冷藏、电化学等设备用电效率所节约的能源;③ 通过能源替代、余能回收提高系统效率所减少和节约的能源;④ 通过蓄能技术如水蓄冷技术、冰蓄冷技术所节约的能源。

(2)充分利用可再生能源

莘庄科技园区可利用的可再生能源主要包括太阳能利用、风能利用、地源热泵等资源,且这些技术已经在本园区的生态楼、综合楼和园区照明中进行了应用,通过

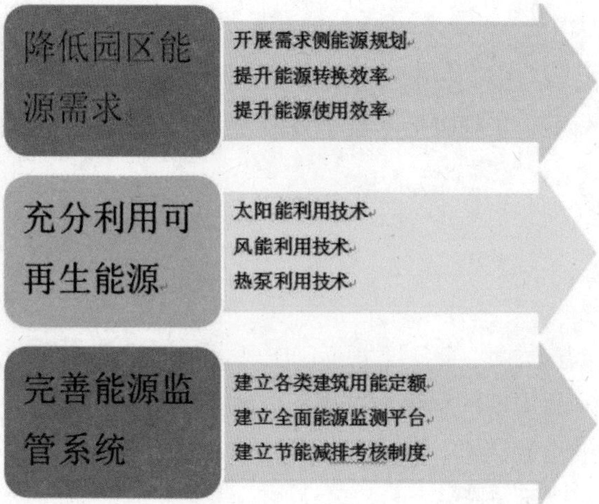

降低园区能源需求 —— 开展需求侧能源规划
提升能源转换效率
提升能源使用效率

充分利用可再生能源 —— 太阳能利用技术
风能利用技术
热泵利用技术

完善能源监管系统 —— 建立各类建筑用能定额
建立全面能源监测平台
建立节能减排考核制度

图 4-3-1　低碳能源技术示意

这些技术的应用积累了大量的运营经验，为提升整个园区可再生能源利用效率提供了技术支撑，为构建基于园区可再生能源的微智能网打下基础。

（3）能源监管系统技术

完善能源监管系统包含建立建筑能耗基准、构建能源监管系统、实施建筑能效测评等。

建立各类建筑能耗基准：建筑能耗基准是判断和分析能源利用效率水平高低的重要依据，开展关于莘庄园区建筑能耗数据分析的工作，提出莘庄园区建筑能耗的特点及存在的问题，建立基于莘庄科技园区功能特性的建筑能耗基准。

建立全面的能源监测平台：有了先进的理念和技术，最终还需要科学成熟的系统来进行管理和实施；能源监测平台是实现园区节能监管的核心及有效保障措施，该平台为莘庄科技园区开展能源审计、能耗统计提供科学充分的数据，还可以利用该系统实现能效公示、能耗定额等功能，提高管理水平。

建立节能减排考核制度：莘庄科技园区进入运营时期后，应针对园区各栋建筑和公共设施的运营单位进行节能减排的年度运营考核。一是确定节能减排指标，二是年中节能减排自查，三是专项节能督查，四是节能减排年终考核。通过以上四个步骤实现莘庄科技园区的节能减排目标落地。

基于对莘庄科技园区功能定位、能耗需求预测和能源系统的分析，对莘庄科技园区的能源方案进行规划（图 4-3-2）。

4.3.2 绿色建筑规划

1. 规划目标

莘庄科技园区的绿色建筑规划总体目标为：100% 实现绿色建筑星级目标，其中二星级以上绿色建筑比例达到 50% 以上。对于两栋地标性新建办公建筑将分别执行美国 LEED、英国 BREEM 与国家绿色建筑三星级的双认证。对于新建实验楼执行一星级以上绿色工业建筑标准（图 4-3-3）。

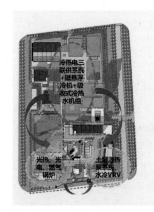

图 4-3-2　园区能源利用方案　　　　　　图 4-3-3　绿色建筑规划

2. 规划策略

依照国家最新《绿色建筑评价标准》GB/T50378—2014，根据绿色建筑对建筑全寿命期节地、节能、节水、节材、保护环境的要求，分别从场地设计、建筑设计、绿色施工、运营管理四个方面提出本园区绿色建筑实施建议。

（1）**场地设计**

① 合理利用地下空间，地下建筑面积与总用地面积之比宜不低于 50%。

② 采用机械式停车库、地下停车库等方式节约集约用地。

③ 对场地风环境进行模拟计算，确保场地内风环境有利于室外行走、活动舒适和建筑的自然通风。

④ 采用屋顶绿化、垂直绿化等形式。

（2）**建筑设计**

① 建筑节能

a. 合理设计建筑体形、朝向、楼距和窗墙面积比，使建筑获得良好的日照、通风和采光；建筑围护结构节能设计应严格按照上海市节能标准执行。

b. 玻璃幕墙透明部分可开启面积比例不低于 5%，外窗可开启面积比例不低于 30%。

c. 合理选配空调冷、热源机组台数与容量，制定实施根据负荷变化调节制冷（热）量的控制策略，且空调冷源的部分负荷性能应符合现行国家和上海市现行《公共建筑节能设计标准》的规定。

d. 通风空调系统风机的单位风量耗功率和冷热水系统的输送能效比不低于现行国家和上海标准《公共建筑节能设计标准》[①]的有关规定。

e. 各房间或场所的照明功率密度值不高于现行国家标准《建筑照明设计标准》GB 50034—2004[②]规定的目标值。走廊、楼梯间、门厅、地下停车场等场所的照明系统采取分区、定时、感应等节能控制措施。

f. 电梯采取节能控制措施。

g. 选用节能型电气设备，三相配电变压器满足现行国家标准《三相配电变压器能效限定值及节能评价值》GB 20052—2006[③]的节能评价值要求。

h. 建筑的冷热源、输配系统和照明等各部分能耗应进行独立分项计量。

② 建筑节水

a. 利用场地空间合理设置雨水设施，设置下凹式绿地、雨水花园或有调蓄雨水功能的水体，面积之和占绿地面积的比例不小于 30%；合理衔接和引导屋面雨水、道路雨水进入地面生态设施，并设置相应的径流污染控制措施；硬质铺装地面中透水铺装面积的比例不小于 50%。

---

① 现行是 DB 11/687—2015 在 2015 年 11 月 1 日起实施. GB 50189—2015 在 2015 年 10 月 1 日起实施.
② 现行是《三相配电变压器能效限定值及能效等级》GB 20052—2013.
③ 现行标准是《建筑照明设计标准》GB 50034—2013.

b. 根据各建筑的绿色星级定位，采购不低于二级节水型卫生器具。

c. 集中空调的循环冷却水系统采用节水技术，如采用无蒸发耗水量的冷却技术，或开式循环冷却水系统设置水处理措施，采取加大集水盘、设置平衡管或平衡水箱的方式，避免冷却水泵停泵时冷却水溢出。

d. 合理利用雨水、河水等资源，用于绿化灌溉、景观补水和冲洗道路等。

③ 建筑节材

a. 择优选用规则的建筑形体，结构传力合理；对结构体系及构件进行优化设计，达到节材效果。

b. 土建与装修一体化设计施工。

c. 采用工厂化生产的预制结构构件。

d. 在保证安全、不污染环境和满足性能的情况下，积极利用可再循环材料。

e. 采用本地化材料，施工现场 500km 以内生产的建筑材料重量占建筑材料总重量的不低于 60%。

f. 混凝土结构建筑中受力普通钢筋使用不低于 400MPa 级钢筋占受力普通钢筋总量的不低于 70%。

④ 室内环境

a. 设计时充分考虑自然采光方式。

b. 在设计阶段对房间气流组织进行模拟计算以提高自然通风效率，使得建筑在过渡季典型工况下，60% 及以上的房间的平均自然通风换气次数不小于 2 次 /h。

c. 主要功能房间中人员密度较高且随时间变化大的区域设置室内空气质量监控系统。

d. 地下空间设置与排风设备联动的一氧化碳浓度监测装置，保证地下车库污染物浓度符合有关标准的规定。

（3）绿色施工

① 制定实施保护环境的具体措施，控制因施工引起的大气污染、土壤污染、水污染、光污染，减小对场地周边区域的影响。

② 制定并实施施工废弃物减量化资源化计划，可回收施工废弃物的回收率宜不小于 80%。

③ 制定并实施施工节水和用水方案，监测并记录施工水耗。

④ 预拌混凝土的损耗宜不大于 1.5%。

⑤ 采用工厂化钢筋加工方法，降低现场加工的钢筋损耗率，80% 以上的钢筋采用工厂化加工或现场加工钢筋损耗率不大于 4%。

⑥ 提高模板周转次数，工具式定型模板使用面积占模板工程总面积的比例宜不小于 50%。

（4）运营管理

① 制定并实施节能、节水、节材、垃圾分类收集等资源节约与绿化管理制度，并制定完善的应急预案。

②建立绿色教育宣传机制，编制绿色设施使用手册并向使用者提供。

③实施能源资源管理激励机制，管理业绩与节约能源资源、提高经济效益挂钩。

④定期检查、调试公共设施设备，并根据运行检测数据进行设备系统的运行优化。

⑤对空调通风系统宜按照现行国家标准《空调通风系统清洗规范》GB 19210 的规定进行定期检查和清洗。

⑥智能化系统满足现行国家标准《智能建筑设计标准》GB 50314 的基本配置要求；供暖、通风、空调、照明等设备宜设置自动监控系统且正常运行，运行记录完整；应用信息化手段进行物业管理，建筑工程、设施、设备、部品、能耗等档案及记录齐全。

⑦采用无公害病虫害防治技术，规范杀虫剂、除草剂、化肥、农药等化学药品的使用，有效避免对土壤和地下水环境的损害。

4.3.3 生态环境规划

1. 规划目标

通过对莘庄科技园区基地分析，从风、热、声、空气质量等微环境方面对园区布局提出规划建议，构建园区快乐、宜人、健康、舒适的室外环境（图 4-3-4）。

2. 规划策略

（1）园区热环境——"防""消""用"相结合的设计方法

①防

庇荫：主要通过绿化、建筑和地貌庇荫来阻挡太阳辐射对园区环境的干扰。通风：采用植被、构筑物导风，夏季主导风向上风向较为疏散地布置点式高层借以改善产业基地园区内的风环境。

②消

通过绿化植被的蒸腾作用和水体蒸发效应实现蒸发降温。采用相变材料（如最廉价的水体）来吸收环境热量，达到降温目的。

③用

利用夏季太阳辐射热多的特点可以在产业基地园区道路合适位置设置太阳能电

图 4-3-4　莘庄科技园区主要微环境要素

池板。利用夏季空气温度高而地下建筑温度相对较低的特点，有效组织通风。采用被动式设计手段，充分利用太阳能、地能、风能形成自然空调系统，实现由"消"向"用"的转换。

（2）园区风环境——"夏导冬挡"的设计方法

① 上海夏季主导风为东南风，冬季主导风为西北风。规划道路方向时，可以将其安排成与主导风向一致。

② 此外，也可以采用种植乔木形成林荫道从而引导夏季主导风进入园区内。

③ 另外，对园区冬季防风的考虑可以采取在迎风侧设置高大板式建筑的手段，也可以在迎风侧种植高大常绿乔木。

（3）园区空气质量——外消内控的设计方法

莘庄科技园区所处位置周边存在部分大气污染排放的企业，会不定期的影响到本基地的微环境，因此除了对基地内建筑群的合理布置，减少污染物在园区内的逗留时间以外，重点应以景观植物的消减污染为主。

① 首先应对莘庄工业园区经常出现的污染物种类进行排查，掌握污染物散发特点。

② 其次针对污染物的特定种类选择种植适合上海地区气候生长的植物种类，研究与之相匹配的植物种群并进行景观设计，通过植物种群间的生态互补以期达到最大的生态效应。

（4）园区声环境——"源""径""受"的设计方法

按照《上海市环境噪声标准适用区划》，莘庄工业园区属于 3 类区。本低碳生态产业园区基地在此基础上提高一个水平，达到 2 类区的标准，即昼间 60dB，夜间 50dB。针对园区临近城市主干道（中春路），采取措施尽量降低和消除交通噪声对园区环境的影响。防治交通噪声从"噪声源""传播途径""接受者"三方面分别采取在经济、技术和要求上合理的措施（图 4-3-5）。

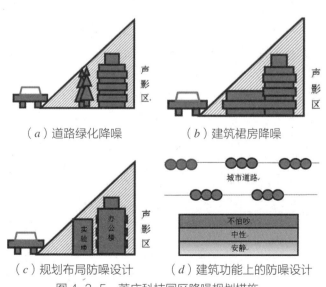

（a）道路绿化降噪　　　　　（b）建筑裙房降噪

（c）规划布局防噪设计　　　（d）建筑功能上的防噪设计

图 4-3-5　莘庄科技园区降噪规划措施

① 对于交通噪声传声途径噪声削减可采取声屏障、绿化带及沿街设置实验建筑等措施。

② 园区的建筑布局结合道路走向从功能和空间两方面考虑降噪防噪技术。通过剖面几何声线图来确定建筑高度随着离开道路的距离的增加而渐次提高可利用前面的建筑作为后面建筑的隔声屏障。

③ 平面布局上将实验建筑集中成条状布置在临街处构成基本连续的防噪屏障。建筑的功能上将厕所、储藏室等对声环境要求比较低的功能面街布置或沿街设置阳台、走廊等隔声构件。

4.3.4 水资源利用规划

1. 规划目标

通过节水与水资源利用、污水排放控制等几方面规划措施，对莘庄科技园区水资源进行综合性管理，使水资源得到优化配置、循环利用，实现园区内的水资源供需平衡和水环境安全和谐。

2. 规划策略

（1）节水与水资源利用

节水主要是在满足功能需求的前提下，减少自来水的用水量，主要技术包括以下几点：

① 室外绿化灌溉系统采用节水灌溉方式，减少绿建浇灌用水量。莘庄科技园区规划设计了带有雨水感应器的微喷灌技术。

② 对建筑内部采用节水器具减小用水量。莘庄科技园区内的建筑，马桶、水嘴等用水器具选用水效率等级为 1 级的产品。

③ 提高实验用水的循环利用率，减少用水实验的用水量。

④ 充分利用河道水。引邱泾港河道水进入园区，水渠引河道水流经整个园区后进入生态楼前的雨水调蓄池，作为雨水回收利用系统的原水补充。当雨水调蓄池雨水不足时，水渠水流进入调蓄池，成为雨水净化回用系统的补充原水，为园区非传统水源利用通过稳定、可靠的原水水源；当雨水调蓄池充满雨水时，水渠水流流入申富路门口雨水管网，最终回到河道系统（图 4-3-6）。

（2）污水排放控制

莘庄园区的排水主要包括办公区的生活污废水的排放，食堂餐饮污废水的排放，实验室实验污废水的排放。对于常规办公楼污废水排放而言，可以满足市政排水的水质要求，不需要任何预处理。但对于食堂和特种实验室实验污废水的排放则要控制其达到排放标准，达标排放至市政污水管网。

① 食堂废水排放监测与管理

为保障食堂废水达标排放，要设置隔油池或油水分离器，油脂且定期请专业处

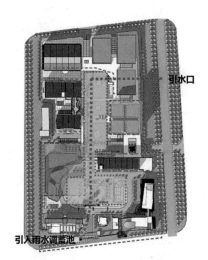

图 4-3-6　河道水利用技术

理厂商清运、清洗。如果场地条件允许，应再在进行油水分离后建设沉淀池。

建立食堂废水排放管理制度，运行前期请专业检测机构进行专项检测分析，研究确定合理的油脂清运周期，沉淀池清洗周期等，为后期的运营管理提供依据。同时，建立运行过程中定期检测制度，以避免超标排放漏洞。

② 实验废水单独处置

莘庄园区因有实验室检测的需求，有些检测试验需要使用大量的化学试剂（如水质、室内环境等相关检测），对于这类废水应建立专项管理制度并严格执行。如无害废水进行稀释后排放，有毒有害物质应进行收集后交由专业处理公司进行处理。建立有毒有害废水的处置台账，做到职责明确，可追溯。

4.3.5 景观碳汇规划

景观碳汇技术要素研究主要包括生态斑块、生态廊道、生态网络研究和高效碳汇技术研究。景观碳汇技术研究主要通过建立生态安全格局，营造高效的碳汇技术。

1. 规划目标

通过筛选高效固碳植物资源和园区景观协调搭配技术，提高园区绿化碳汇能力20%；结合高品质人群的绿化需求，优化生态功能和服务保健功能，构建多功能绿化共享空间和健康宜居环境。

2. 规划策略

（1）生态斑块

未来园区的生态斑块设计原则是：利用原有植被斑块，因地制宜保护园区内原有的大型斑块；为满足人员需要和丰富景观，设计道旁绿地等小型斑块；新建绿地；

充分利用水系廊道、道路生态廊道等有机联系斑块，增加斑块多样性和稳定性。因此，园区内的生态斑块拟分为四级，分别为一级生态斑块、二级生态斑块、三级生态斑块和四级生态斑块（表4-3-1、图4-3-7）。

（2）生态廊道

根据莘庄科技园区内东侧水系特点及功能，结合两岸植被形成河流保护廊道。

园区内机动车行车道路两侧植被控制2～3m以上，园区内员工行走道路两侧有45%的遮荫。园区河流、道路的走向以及环境质量状况，生态廊道走向以顺应上海的主导风向为主，即东南方向。

生态网络景观中的植物选择应以乡土植物为主，实现乡土植物指数≥0.8；植物配置以具有森林结构和特征的复层结构为主，实现乔、灌、草、藤的有机结合；以生态服务功能为主，兼顾观赏休憩功能。

（3）绿地碳汇

集中绿地主要布局于重要景观道路两侧，景观道路两侧绿地各控制15～20m，并采用固碳能力强的本地植物（图4-3-9）。

四级生态斑块 表4-3-1

分级	设计总面积（m²）	布局要求	要求（m²）
一级生态斑块	800	集中绿地	≥400
二级生态斑块	300	面积较大的分散式绿地	≥200
三级生态斑块	150	道旁绿地等	≥100
四级生态斑块	100	屋顶绿化	≥50

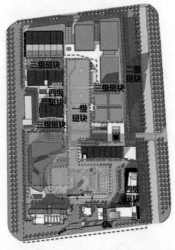

图4-3-7 莘庄科技园区四级生态斑块示意图

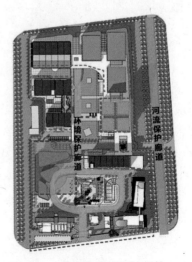

图4-3-8 莘庄园区河流保护廊道和环境保护廊道设计

　　员工休憩公园应形成整体的核心区公共活动空间。可选择能够释放对人体有益挥发物的植物，将员工休憩公园构建成具有保健功效的"芳香园林"（表 4-3-4）。

生态廊道策略　　　　　　　　　　　　　表 4-3-2

生态廊道大类	生态廊道小类	作用	目标
环境保护型廊道	园区内车行道路	改善园区小气候，净化过滤空气，降低噪声、提高安全性	植物配置为复层结构；廊道以生态服务功能为主，兼顾观赏休憩功能
	园区内员工行走道路	—	—

适宜种植的固碳能力强的本地植物　　　　　　表 4-3-3

名称	植物
乔木	香樟、金叶木、彩叶木、龙舌兰、栾树，五角枫，柳树，国槐
灌木	玫瑰、杜鹃、牡丹、小檗、黄杨、沙地柏、铺地柏、连翘、迎春、月季、荆、茉莉、沙柳
草本	牵牛花、瓜叶菊、葫芦、翠菊

具有保健功效的树种列表　　　　　　　　表 4-3-4

序号	植物
1	金莲花
2	黄色旱金莲
3	罗勒
4	香蜂花
5	留兰香
6	迷迭香
7	薰衣草

149

地面停车场则将配置降温增湿缓解热岛效应的高固碳绿化群落（图 4-3-10）。

具有降温增湿能力的植物群落列表　　　　　表 4-3-5

序号	群落优势种
1	香榧 + 柳杉 + 日本柳杉
2	柳杉 + 日本柳杉
3	香榧 + 银杏
4	棕榈 + 春云实
5	罗汉松 + 日本柳杉
6	枫香 + 厚皮香
7	皂荚 + 紫荆 + 紫藤 + 椤木石楠
8	香樟 + 悬铃木

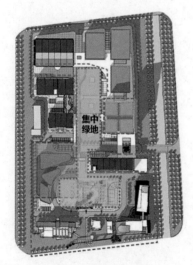

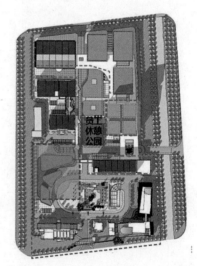

图 4-3-9　莘庄园区集中绿地设计　　　图 4-3-10　员工休憩公园景观碳汇设计

后记

绿色心语

我在建科园的春华秋实

文：陈思薇

截至 2015 年的 6 月 30 日，刚好是我来建科院一周年，一不小心，我就与她一同度过了这一季的春华秋实。

夏

我刚到建科园的时候，恰是炎炎烈日当头曝，明晃晃的阳光照得我睁不开眼睛，打伞也于事无补。我低着头，瞄准了方向，直奔进生态楼里面，这里面的夏天有个别致的中庭，清爽却不干燥，凉快却不乏味。踩着石子铺成的小路一直到底，我还以为自己走进了热带雨林。我一直到现在都特别羡慕在生态楼办公室的他们，这该是多么惬意的一件事：午饭后，小憩时，疲惫时，把办公椅往外挪一些，看着中庭里的芭蕉叶发发呆，只需一小会儿，就又能恢复精力。

秋

最开心秋季的来临，我们一个个都变回了孩子。园区的秋天瓜果飘香，一群大孩子闹着笑着走到树下，看着头上金黄的柚子发呆，个高的一伸手就能触碰到长在低处的柚子，个矮的吵着要摘下来。不一小会儿，这群大孩子就一人抱着一个从树丛里面窜出来，放在办公桌前，香气四溢。园区还有其他隐藏的小果子：金橘，梨子，甚至还有一片属于各个事业部的菜园等待着我去一一挖掘。这时候的建科园，一下子变成了万宝盆。

冬

上海的冬季，天黑得格外早，从综合楼出来的时候，月光照着常绿的香樟，斑驳的树影洒在路上，一抬头，那轮明月在头上舒展。我的影子走进地上的星光里，与树影一起摇摆。路灯也被寒气照得朦朦胧胧，透不过气势来，这样却刚刚好，更显得温暖。我们一行人都不说话，只想享受此刻静谧的夜晚。这里的冬天，是不那么寒冷的冬天，是温情的冬天。

春

建科园的春天，是冲满惊喜的季节，冬季的寒风未散，一个个还裹得像粽子一样飞奔去食堂。一朵盛开的玉兰摔下来，一抬头，似乎园子里的花都在昨晚绽放。雪白的玉兰，紫红的杜鹃，粉嫩的腊梅，颜色来得太快，一定是画画的小伙打翻了调色盘。姑娘们纷纷穿起最明媚的衣服，与花合影，或躺，或卧，或坐，这些花也许开不过明天就会被风吹散，唯有照片里，留得下他们的灿烂。

后记：恰逢莘庄综合楼成书之际，我确实也觉得是时候该来这么一篇小文，却修修改改好几次，总不能达到满意的效果。我贪心地想要展现建科园带给我的各种感受，也想要把所有的美好写个遍。但斟酌再三，还是选取了四季真实的感受作为主题，那些没有描述到的地方（比如自然光超赞的地下停车场，视野开阔的屋顶花园等），同样也是我喜爱的角落，相信也会有其他同事发现他们，赞扬他们。最后赋《建科铭》以作结尾：

建科铭

楼不在高，有绿则名。园不在宽，有景则宜。区位虽偏，惟吾宜居。光影下通地，屋顶有绿景。谈笑有高工，往来无白丁。可以种蔬菜，赏月影。无污染之担忧，乃节能之标兵。三星绿建筑，满满建科情，百家鸣：建科院否？

绿之伴

文：张政景

2010年的春天，第一次走进莘庄生态园区，充满了春的绚烂色彩，连小草也青得逼人眼。生态楼的竹子随风轻摆，矜持地彰显着高雅；推门而进，室内的花园，泥土的味道，让来自农村的我有脚踏实地上的感觉，一切是如此熟悉；幸运的是在同年秋天我正式成为此园区的一员，开启了职业生涯。

2011年春天，从生态楼搬进了综合楼，积木盒子叠加的外形，紫藤花儿开得空幽而烂漫，据说，紫藤花的花语是"欢迎你"，在她的召唤下我进入了工作至今的办公楼。同事还是我熟悉的同事，但环境的改变或多或少地带来了不适，内心中会不断跟办公桌、双层玻璃窗、地源热泵空调、风扇、绿萝、隔声墙、资料柜等说你好，让我们彼此的氛围融洽起来。我试探性发掘她的好，她也会不断给予惊喜，屋顶花园就是一个极好的地方，木质地板、藤椅，灌木和小乔木，让你可走、可坐、可望，一步一景，莘庄生态园区的整个美景也会尽收眼帘。

在莘庄生态园工作的5年中，从生态楼到综合楼，从绿色城区组到生态城区技术部，工作中难免会有失落、焦虑与自卑，但这些建筑一直坚毅且乐观地陪伴在我们身边，彰显着自己的绿本色，拥护着我们追随绿之梦！

生态宁静与智慧动感

文：顾丽韵

转眼间，我在建科院莘庄园区这片远离城市喧嚣、充满绿色的环境中工作已近五年。回首五年来的绿色生活，脑海中不免浮现出这样的画面：清晨，迎着朝霞、闻着鸟鸣、呼吸着绿植气息，开启一天的工作；中午，去食堂就餐，沿着中心绿地走一圈，感受四季变换、调整身心状态；下班，约上同事，一同去职工运动馆挥拍流汗、赶走疲惫；夜晚，走在通往园区大门的路上，凉风徐徐、路灯幽然、树影婆娑、秋虫呢喃……一切是那样的清静与自然、一切又是那样的充实与舒心。这个环境似乎与我们紧凑、严谨的工作氛围形成了反差，但恰是这一反差给予了我们持续创造的热情与动力，带给我们满满的幸福感。

展望未来，园区二期"生态反哺"的建设规划更让人激情澎湃，这里将容纳更多的建科人共同创业。作为一名绿色建筑的从业人员，我畅想着与员工办公息息相关的现代智能技术能被引入园区，例如：能源、环境、安全状况动态发布，区域泊车导引，物流、餐饮、拼车、物业服务信息都依托手机的互动等等，这些应用预期拉近人与园区的距离、拉近人与人的距离，我们的工作环境将变得更加生动活泼。

如果说过去十年的莘庄园区为员工营造了生态宁静的氛围，那么未来十年，希冀智慧化的动感元素融入其中，为员工在园区所收获的"乐"积累新的内涵。

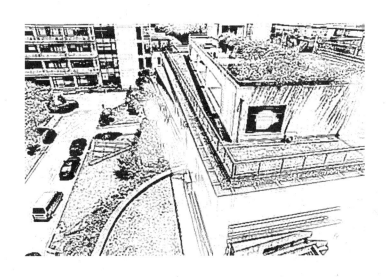

我与综合楼的故事

文：王士军

2010年，我所在的五所信息技术部搬入莘庄园区综合楼五楼，这也开启了我与莘庄综合楼的故事。

当我走入新办公环境时，第一感觉是：这里的办公硬件设施太人性化了！我们五楼最有特色、也最受欢迎的就是一进门的敞开式休息会话区，员工可在此眺望远方、自由地交流思想、更可在遇到技术问题时与同事一起碰撞出灵感——舒适的环境可以舒缓员工紧张的情绪，合理配置的办公空间有利于员工充分发挥积极性和创新性，而综合楼正带给了我这样的体验。

说起综合楼的办公区域，其中也蕴藏着我辛勤工作的结晶呢！2010年，为准确掌握综合楼作为绿色建筑的运行实效，我亲身参与了楼内的一系列绿色计量工作：在楼内五层、六层办公间的每个结构立柱，我安装了一个个温湿度、CO_2及照度传感器，这些小设备忠实地反映着室内环境状况，它们传递的数据为我们绿色建筑从业人员的研究工作提供了重要支持；在楼内底层的信息机房，我和同事们通过测试多项数据中心运行指标，对其中的环境安全状况做出评估；我们还实施了楼内的能源分项计量、七楼太阳能热水系统的计量，定期对能耗、能源利用状况进行分析，这也督促我个人坚持对绿色节能的践行：午饭时关闭照明用电、在春夏交替季节，以电扇代替空调……

我与综合楼因计量而结缘，综合楼也见证了我五年来的成长。想来一天工作8小时，我们人生有三分之一的时间在单位度过，我庆幸能与综合楼相伴，未来，它仍将给予我持续前行的力量，成为我职业生活的绿洲！

身边的绿色

文：蒋友娣

【8：30】

每个工作日的此刻，当我走下班车，步入这栋 $1900m^2$ 的生态建筑示范楼里时，一种骄傲、自豪感油然而生。这是上海市首栋生态建筑示范楼，集十大绿色环保技术于一体，开辟了上海市绿色示范建筑的源头，引领了绿色建筑的大力发展。在这里，随时都能呼吸清新的空气，使人精神饱满，每天闻着绿的气息投入到工作中。

【11：30】

这是补给能量的时刻，不仅仅是物质食量，更是精神层面的休憩。午饭过后，从食堂到办公室，穿过林荫小道，可以目睹可爱小猫悠然自在玩耍的场景，看到设计别致、充满无限活力的综合办公大楼。借助午饭休息时间，完全可以使自己陶醉在园区绿的世界中，深深呼吸绿色独有的清新，让胃里的食物在绿中慢慢消化，使工作难题在绿中不断寻找答案，让生活烦恼在绿中渐渐溶化，让半天工作疲惫的双眼在绿中得到休息，为下午工作储备能量。

【17：00】

　　傍晚，结束了忙碌又充实的一天工作，踏上回家之路。回味园区里的生活，这里的每一天能够让你远离喧嚣的城市，整天被绿色环绕，可以呼吸到最纯净的空气，像是一幅美丽又动人的画面，充满无穷的活力，工作之余能够让心情得到彻底放松，带着美好的希望回家。

　　在园区的每一天，总是让人充实又快乐，感到亲切和惬意，我相信园区的明天会更好！

共鸣

文：葛曹燕

我在园区工作了10年，参与过这栋楼的设计，在楼内办公5年，接待参观客户无数。关于它，我可以写一箩筐的"官方"的生态技术介绍；但是真正打动我的，是下面这些——

1. 她让我想起童年

前一段日子去参观某搜索引擎公司总部，7层空间，"赤橙黄绿青蓝紫"7色楼层标识。初一见，拍案叫绝；细一想，不免俗套。坦白说，我更喜欢我们的楼，第一眼便爱上。总觉得它明快的配色和丰富的立面简直打破了整个工业园区的灰蒙与沉重。它很像我小时候玩的积木，好些个几何体旋转叠拼，充满童趣。我在楼里待了五年，一直觉得六楼那个酷酷的有着明亮外窗的黑盒子是"属于"我的，这种归属感让我觉得很温暖。

2. 我可以感受四季

苏州博物馆刚刚落成的时候我慕名去参观过，印象很深的是进厅处有一株硕大的紫藤，移植不久，不咸不淡的生长着。当时心想，贝老先生选它，一定是有原因的。后来突然有一年，办公楼门厅外的紫藤架上密密匝匝的挂满了花束，氤氲一片，惊艳了整个春夏。我看着栖息其中的天牛和雀鸟，瞬间觉得自己跨越时空理解了贝大师，莫名感动。上海的夏天很晒，每次从门厅往外看去，玻璃幕外的紫藤郁郁葱葱，满目清凉；到了冬天，温暖的阳光透过斑驳清冷的藤蔓射进来，逆光看去，写意而静谧。

3. 我的孩子喜欢她

我曾带孩子来过园区。他喜欢在楼里"探险"：走到露台上踢毽子、坐在茶水间下棋，或者沿着敞亮的楼梯爬上屋顶花园看风景。偶然一次发现这个小小的空间，瞬间唾沫横飞、激动地比划："成龙从屋顶花园那边飞奔过来，沿着架子外侧'嗖嗖嗖'地往上爬，一群坏蛋紧跟着往上追……成龙很快爬到顶部，从筒子中间'Duang'地跳下来，然后沿着楼梯一路狂奔。那些坏蛋吊在半空中，眼巴巴地看着……"——好莱坞大片的即视感噢。

后记：我做过很多年园区生态技术讲解，但是无论"被动优先"还是"四节一环保"，都未免显得过于冰冷。我在想，一栋可以让人回归本我、感受四季、激发想象……引起情感共鸣的建筑，它一定是最最美好的存在。